回到远古看恐龙

恐龙消失的秘密

[俄]阿纳斯塔西亚·加尔金娜　[俄]叶卡捷琳娜·拉达特卡　著

[俄]波琳娜·波诺马廖娃　绘

索轶群　译

U0181721

中国纺织出版社有限公司

嗨，这是双胞胎丽塔和尼基塔。他们非常喜欢研究恐龙，知道很多关于恐龙的知识。兄妹俩很喜欢参观博物馆，尤其是古生物博物馆。

这天，尼基塔正在儿童乐园里打篮球，丽塔气喘吁吁地跑过来，对着他大声喊："快来啊，尼基塔！扬娜老师要带咱们去参观恐龙博物馆啦！"

听到这儿，尼基塔急忙把手里的篮球放进背包，追上了妹妹的脚步。

扬娜老师带着大家准备出发了。兄妹俩十分喜欢这样的课程，一节课都没落下过。

"我准备把魔法书也带上。"丽塔说。

"好呀。"尼基塔点头说，"或许魔法书能在博物馆里告诉我们恐龙的灭绝之谜呢。"

这怎么可能呢？其实啊，尼基塔在姥爷的阁楼上找到的那本神奇魔法书，已经不止一次把兄妹俩带到神秘的恐龙世界去了。

博物馆里，孩子们围在扬娜老师和年轻的讲解员身边。

"这是我们的讲解员维克多。"扬娜老师大声介绍。

"今天我将为大家讲解白垩纪晚期的恐龙故事。"维克多说，"我的小助手，这只叫香菜的鹦鹉，会帮助我完成讲解。"

孩子们看着讲解员和他肩头的鹦鹉，异口同声地问："鹦鹉？鹦鹉怎么能当小助手啊？它只是只鸟啊！"

"鹦鹉可是很聪明的鸟类哦！"尼基塔神秘地回答。

　　"完全正确！我可是十分聪明的鸟呢！"是鹦鹉在说话！说完，它竟从讲解员的肩膀飞到了尼基塔的肩头。

　　"香菜确实很聪明，并且对有关恐龙的知识很了解。"维克多接着说，"大家都想知道关于恐龙的什么呢？"

　　"恐龙为什么那么大啊？""它们都吃什么？""为什么恐龙会灭绝？""三角龙头上的角是干什么用的？"孩子们的问题一下子涌了出来。

　　"哦，这么多问题！"维克多笑着说，"那就让咱们一个一个开始吧！这是白垩纪晚期肿头龙的骨架。这种恐龙也被称为厚头恐龙。你们看，它的头骨非常厚，上面还带着一些骨刺。"

"快看！"丽塔指着魔法书，小声叫尼基塔。

那本书发出了微弱的光芒，渐渐地，光亮越来越强。兄妹俩已经熟悉了魔法书这样的指引，他们紧紧地拉起手，闭上眼睛。再次睁开眼睛的时候，他们已经站在美丽的海岸边了。

太阳光十分耀眼，鹦鹉香菜还站在尼基塔的肩膀上，远处有两只用后脚站立的恐龙。这两只恐龙的头部长得十分奇怪，好像有人给它们戴上了一顶头盔。头盔的后半部分散布着一些小小的凸起。

"啊，霸王龙不会把我吃掉吧！"鹦鹉尖叫起来，"嗨，原来是肿头龙，它是一种白垩纪晚期的植食性恐龙。"

两只肿头龙开始缓慢地移动。"哎，快看！它们朝咱们走过来了！"丽塔惊呼起来。

"我有个主意！"尼基塔狡猾地冲妹妹一笑。

恐龙慢慢地走近了，它们用好奇的眼光上下打量着兄妹俩和鹦鹉，这时候尼基塔从书包里拿出篮球抛向空中，然后用头顶了一下，篮球再次被高高弹起。

恐龙跟随尼基塔的动作摇晃，当篮球再次被顶起来的时候，一只肿头龙终于按捺不住好奇，试着用脑袋碰了碰那只飞起来的篮球。看到这情形，另一只恐龙也迫不及待地加入了这个有趣的游戏。你一下，我一下，它们用脑袋把篮球弹到空中。有时篮球不小心落到了地上，兄妹俩会帮忙捡起来，再次扔回空中。

"它们才是真正的运动员。"丽塔看着它们笑起来。突然，她好像被周围的景色迷住了，转向尼基塔说："这里好漂亮啊！咱们去海边踩水玩儿吧？"

"这可不行！"鹦鹉大声说，"太危险了！"

"哎呀，香菜，别吓唬人了！"尼基塔头也不回，只顾着紧跟在丽塔的后面。

兄妹俩奔向海边，正准备试着下水，海面上却突然涌起了一道水柱，接着，出现了一个很像鳄鱼的庞然大物！没过几秒，在它身后又出现了一只和它长得非常相似的大怪物，看起来比第一只的体型还要大。后面的怪物张大嘴巴，露出锋利的牙齿，一口咬住了前面的"鳄鱼"，之后就沉到了海底。

"你……你说得对，真的有危险……"丽塔心有余悸地说。

"沧龙，号称是最可怕的海上怪兽。"尼基塔想起来了，"这种恐龙和霸王龙一样可怕，一个在陆地上称王，一个在水里称霸。"

"沧龙是现代巨蜥的祖先。它们以水中的鱼类、软体动物、乌龟等动物为食，也经常攻击自己的同类。"鹦鹉补充说。

"香菜，你是对的，我们不应该随便下水。"尼基塔惭愧极了，摸了摸鹦鹉的脑袋。

"那是因为鹦鹉是最聪明的鸟啦！"香菜骄傲地说。

刚刚经历了海上惊心动魄的一幕，兄妹俩警惕了许多，小心观察着附近的情况。海面回归了平静，不远处的树林里却有了些别的响动。

在树林的边缘，出现了一只头部巨大、脖颈处有一圈儿骨刺的恐龙。除了"衣领"处的小刺，恐龙的头上还长着三个犄角：两个大的长在眼睛上方，一个小的刚好长在鼻尖上。它四脚站立，正俯身在草地上饱餐。

　　突然看到这样的庞然大物，丽塔和尼基塔都不敢发出什么动静。但过了几秒，他们终于反应过来，对视一眼，齐声喊道："这是三角龙！"

　　"快，咱们走近点儿看看！"丽塔说。

兄妹俩忘记了鹦鹉的忠告，急忙朝三角龙跑去。

到了近处他们才发现，这里不止是一只三角龙。在它的周围还有几只三角龙宝宝。它们身上的骨刺要小很多，眼睛上方的犄角是朝后长的。

"快看，三角龙宝宝和成年的三角龙的角长得不太一样！"尼基塔观察了好一会儿。

"幼年时期，三角龙头上的角的确是朝背部方向生长的。可是等到成年，头顶上的角就会反过来，慢慢地朝着鼻子的方向生长。"鹦鹉香菜飞到附近的树枝上，给兄妹俩做着解说。

兄妹俩正认真地观察着小恐龙，没有发觉周围又出现了几只三角龙。它们都在忙着自己的工作：年龄稍大的一动不动，站在草坪上晒太阳；年轻些的不停地吃着地上的草和低处树枝上的叶子；至于三角龙宝宝，它们正开心地在草坪上推搡玩耍。

　　"这是一个大家庭呀！"尼基塔若有所思地说，"一切都井然有序。"

　　正想着，尼基塔的思绪被一阵奇怪的窸窣声打断了。

　　"听见了吗？"丽塔紧紧盯着旁边的灌木丛。

　　"你们是不是想去那边的灌木丛？不行！这太危险了！"鹦鹉香菜又出声提醒。但是它知道，充满好奇心的兄妹俩是不会听它的劝告的。瞧，说话间他俩已经跑到灌木丛边了。

丽塔来到灌木丛的外圈，小心地拨开周围的树枝，出现在她面前的竟然是一只浑身长着羽毛的恐龙宝宝。

　　"真是太可爱了。"丽塔一边感叹，一边把小恐龙抱进怀里。"就叫你小羽毛好不好呀？你是自己待在这里太害怕了吗？"

　　小恐龙仿佛能听懂丽塔的话，它小心翼翼地把头搭在了丽塔的肩上。

　　"丽塔，它好像是霸王龙的幼崽。"尼基塔仔细地观察妹妹肩头的恐龙宝宝得出了结论："肯定是！霸王龙的幼崽浑身都长着羽毛！"

　　"哦天哪！霸王龙的幼崽！太可怕了！"鹦鹉香菜大声尖叫了起来。

　　"可是它还小啊，不会有什么危险的。"丽塔反驳说，然后又对着小恐龙说，"小家伙，你的妈妈在哪儿呀？"

　　小恐龙抬起头看着丽塔，舔了舔她的脸颊，又钻到了丽塔怀里。

　　"希望它妈妈不要过来。"尼基塔也变得严肃起来。

　　丽塔还没有来得及回答，就感觉到地面上一阵强烈的摇晃，周围的树叶也开始哗哗作响。附近的三角龙仿佛感知到了危险，开始拼命地逃跑。

　　"霸王龙来了！"鹦鹉站在高处的树枝上瞭望着："它太大了！"

　　"快跑，咱们快离开这儿！"尼基塔大声喊着。

　　"不行，如果咱们把小恐龙扔在这儿，它一定会被三角龙踩成肉泥的。"丽塔说。

　　"那就带上它一起跑！"尼基塔建议。

　　"不行，不能把它从这儿带走，不然它妈妈找不到它会着急的。"丽塔抱紧怀里的小恐龙，坚定地说。

"那怎么办啊？"尼基塔焦急地问。

"咱们得把它还给恐龙妈妈。"丽塔坚持着。

"你疯了吗，丽塔，这可是霸王龙的幼崽！霸王龙是白垩纪最可怕的恐龙了！"尼基塔吓坏了。

"但是霸王龙跑得不快啊，咱们还是可以躲开的。"丽塔仍旧坚持自己的想法。

"它们虽然跑得不快，但是嗅觉十分灵敏。就算它一时追不上咱们，迟早也会根据气味找到咱们的！"尼基塔反驳说。

"你看！三角龙都那么害怕它，可见它的杀伤力有多大了！"鹦鹉也跟着劝说丽塔。

这场争执被霸王龙巨大的嘶吼声打断了。它的身影从树后渐渐浮现：巨大的脑袋，长着两趾的短小前腿，强有力的后腿……霸王龙张着嘴巴，露出又大又锋利的牙齿。它一会儿朝这边看看，一会儿又转过头去仿佛在寻找什么。最后，它把目光落在了兄妹俩身上。

　　丽塔和尼基塔吓得一动不动，直愣愣地看着眼前的庞然大物。丽塔怀中的恐龙宝宝已经睡熟了，鹦鹉香菜恐惧极了，张着嘴巴在树枝间到处乱飞。

"我引开它的注意力，你们快跑！"香菜大喊了一声，像一道闪电飞到了霸王龙的牙齿边。

　　霸王龙晃了晃脑袋，视线从兄妹俩的身上挪开，牙齿发出了可怕的咔嚓声。趁这个机会，丽塔小心翼翼地把怀里的恐龙宝宝轻轻地放到了地上。迷迷糊糊的小恐龙一睁眼就看见了自己的妈妈，开心地朝它跑了过去。

看到孩子安然无恙，霸王龙低头用嘴巴拱了拱小恐龙，仿佛在惩罚它乱跑。小恐龙撒娇似的用鼻子蹭了蹭妈妈，熟练地跳进了妈妈张开的嘴巴里。霸王龙接连叫了几声，叫最后一声的时候，注视着兄妹俩和瑟瑟发抖的鹦鹉，然后它转身，带着小恐龙缓慢地消失在了树林里。

"它终于走了……"尼基塔魂不守舍地说。

"哎，丽塔呀丽塔！"鹦鹉飞到尼基塔的肩头冲着丽塔说。

"香菜，你简直是我们的英雄！"丽塔笑着亲了亲鹦鹉尖尖的嘴巴。

"我要是不那么做，霸王龙肯定会把咱们都吃了！"鹦鹉惊魂未定地大喊。

"该回家了，趁咱们还没成为恐龙的晚餐。"尼基塔说。

丽塔从背包里拿出魔法书，随手翻开了一页。没想到一滴水珠落在了打开的书上，接着，一滴又一滴，书中的插画很快变模糊了。

"怎么回事？"丽塔惊讶地问。

"下雨了吧。"尼基塔猜想。

"得赶紧找个避雨的地方，魔法书淋湿了咱们就回不去了。"丽塔担忧起来。

"躲进树林吧。"鹦鹉建议。

兄妹俩点点头，手拉手走进了森林。雨越下越大，即使躲在树下，大家也都被淋得浑身湿透。

"我飞到高处去看看有没有适合避雨的地方。"说着鹦鹉香菜挥动着翅膀飞到了树上。

"太好了！找到一个！"鹦鹉开心地喊："再往前走一会儿，那边有一群慈母龙。"

"慈母龙啊，它们是一种植食性恐龙，非常关心爱护自己的幼崽。"丽塔接着说。

"你的意思是，咱们去慈母龙的巢穴里避雨？"尼基塔猜到了，"香菜，你太聪明了！"

"快跟我来！"鹦鹉喊着。

没走多远兄妹俩就看见了几个茶杯形状的大窝，里面铺着软软的干草，卧着几只小小的恐龙宝宝。长着鸭嘴的大恐龙们低着头，像巨大的屋顶盘旋在巢穴上方，在为小恐龙们挡雨。

　　丽塔和尼基塔跑进了最近的一个窝，挤在小慈母龙旁边。鹦鹉香菜也跟了进来。成年的慈母龙没有发现陌生客人的到来，继续一动不动地站着，为孩子们遮挡风雨。

"慈母龙也被称作'好妈妈龙'。"丽塔说。

"对，慈母龙从来都不会扔下小恐龙不管，哪怕有火山爆发，它们也会和自己的窝、自己的孩子们待在一起。"鹦鹉接着说。

"而且慈母龙会给窝里铺很多干草，这样小恐龙们就不会在深夜被冻醒了。"丽塔补充。

"希望咱们不用在这里过夜。"鹦鹉有些沮丧。

"你们说，恐龙为什么会灭绝呢？"安静了一会儿，尼基塔若有所思地问。

"也许，是因为地球上该轮到人类登场了？"丽塔回应说。

"那么多恐龙都消失了！"鹦鹉大声说。"你们难道还不知道恐龙灭绝的原因吗？唉，不过对于恐龙的灭绝，确实有很多种猜测。一些科学家认为，曾经有一颗巨大的行星撞击了地球，在它陨落的地方，所有的生物都灭绝了。那时候，天空中升起滚滚浓烟，挡住了太阳的光芒。由于缺少太阳的光照，地球上的许多植物都无法存活。植食性恐龙也没有了食物来源，只能慢慢饿死。在这之后，肉食类恐龙也因为缺少食物逐渐消失了。"

　　"我才不信呢，仅仅是一个行星撞到地球，就能让霸王龙、特暴龙那样巨大的恐龙都灭绝了吗？！"尼基塔自信地说。
　　"我也不信！"丽塔支持哥哥的看法。

香菜正准备反驳，放在尼基塔腿上的魔法书发出了淡黄色的光亮，缓缓打开了。画面上，一张又一张的恐龙图片栩栩如生，有节奏地变幻着：长脖子的梁龙正在吃树木顶端的树叶，接着是长着利爪的镰刀龙，然后是可怕的霸王龙，它嘴里叼着自己长着羽毛的恐龙幼崽。下一个画面是多刺的甲龙，尾巴上长着锥形的骨刺。接着还出现了腔骨龙、腕龙……魔法书好像要把所有的恐龙都展示一遍。

　　就在大家看得入迷的时候，一切都戛然而止了——魔法书发出刺眼的光亮，兄妹俩和鹦鹉香菜都被这光芒照得闭上了眼睛。等他们睁开眼睛的时候，大家又回到了博物馆，就在那架肿头龙骨架旁。周围一个人也没有，只有魔法书还在闪烁着微弱的光。

　　兄妹俩走到了魔法书旁，俯下身来，打开的那一页上画着一只正在开心玩儿球的肿头龙，在这一页的下方写着这样一段话：

　　"没有人知道，恐龙的世界里到底发生了什么。但是它们仍然生活在这本神奇的魔法书里。如果你真的愿意探寻，这本书会帮助你踏入遥远的恐龙时代。"

小小古生物学家手记

肿头龙

肿头龙是白垩纪晚期的一种植食性恐龙。头顶肿大，像一个突出的圆顶。脖子周围和鼻子均长有骨刺。由于肿头龙的头盖骨非常厚（约25厘米），所以在很长的一段时间里，科学家都认为肿头龙像现代公羊一样相互打闹。但是现在有一种新的观点，认为肿头龙的头盖骨有着像鹿角一样的功能：在对抗中它们会迎头相撞，用厚厚的头骨击退对方。此外，肿头龙的头盖骨也可以抵御肉食恐龙的袭击。

肿头龙的体型还不到霸王龙的1/3（高不到2米，长约4.5米）。

肿头龙在对抗中善于用自己厚厚的头盖骨迎面或从侧面撞击对手。

霸王龙

霸王龙也叫君王暴龙，是白垩纪晚期一种体型巨大的恐龙（高约4米，长约12米）。霸王龙单单头部就有1.5米长，最大的一颗牙齿可以达到30厘米长。

霸王龙用两只强有力的后腿行走，但是它们的前腿十分细小，上面还分别有两只带着尖爪的趾头。

因为体型过于庞大，霸王龙往往不能快速奔跑。它们拥有较发达的大脑和敏锐的嗅觉，视力也还不错，所以总能轻松追踪到猎物的气息。

霸王龙以植食类恐龙为食（比如三角龙、甲龙或是埃德蒙顿龙），有时也会吃一些动物的尸体。

霸王龙幼崽通常浑身遍布羽毛，等到成年之后，这些羽毛会自动脱落。

霸王龙的头部长达1.5米。

沧龙

　　沧龙是白垩纪晚期一种带有灵活长尾的海生爬行动物。它们的四肢是鳍状的，拥有强壮的下颚与尖锐的牙齿。

　　沧龙是古生代海洋中的顶级掠食者，它们没有什么天敌。但是体型略小的沧龙很容易成为大型沧龙的捕食和攻击的对象。

　　除此之外，沧龙也捕食一些鱼类、海龟、鸟类和海洋里的软体动物。

最小的沧龙身长约6米，而最大的沧龙可以达到17米。

三角龙

　　三角龙是一种行动缓慢的植食类恐龙，头上有三只角，脖子周围长有一圈坚硬的骨刺，像是盾牌一样保护着它们的颈部。

　　三角龙有着巨大的头盖骨（长达2.5米）。它们长约9米，高约3米。

　　三角龙有强大的喙和锋利的牙齿，再坚韧的植物纤维都可以被它们撅断吞食。

　　科学家们猜测，三角龙一般成群地生活在一起，它们十分关心自己的幼崽，遗憾的是关于这一猜测至今还没有找到有力的证据。

三角龙牙齿有好几排（3~5排），并且一生都会换牙。

慈母龙

慈母龙有着像鸭子一样扁平的喙状嘴，还有厚厚的鼻子和不太大的头冠。慈母龙是植食类恐龙，强壮的尾巴可以很好地击退进攻者。它们的四肢十分发达，跑得极快。

通常的情况下慈母龙用四条腿走路，需要躲避天敌的时候，它们会抬起前脚，只用两条后腿奔行。

慈母龙是一种群居性恐龙，成千上万只聚在一起生活。慈母龙还是非常关心幼崽的好父母，它们会为自己的幼崽建造巢穴，在建造的过程中还会放入石子和泥土用来保暖。小恐龙们被养育在窝里，直到可以独立生活。

慈母龙
长达9米，
高约3米。

名 师 精 读 版

世界经典文学名著

名 师 精 读 版

世界经典文学名著

CLASSIC LITERATURE

世界经典文学名著·名师精读版

丛书主编／龚勋

CLASSIC LITERATURE

看看我们的地球

穿过地平线

李四光／著

台海出版社

努力向学，蔚为国用

李四光（1889~1971），原名李仲揆，湖北黄冈人，中国著名地质学家。他于1904年赴日本留学；1913年赴英国伯明翰大学学习地质学，1919年获硕士学位；1920年回国任北京大学地质系教授；1931年获伯明翰大学科学博士学位；1934年赴英国讲学，主持伦敦、剑桥等八所大学举办的"中国地质学"讲座；1947年获挪威奥斯陆大学荣誉博士学位。

即使身在海外，李四光仍时刻关注着祖国的命运。1950年，李四光回到百废待兴的祖国，投入到中华人民共和国的建设当中。李四光接受中央的委托组建全国的地质机构，规划地质科学研究、勘探与教育事业，并开始担任全国地质工作计划指导委员会主任委员，1952年中华人民共和国地质部成立后担任部长。他在任的21年中，新中国的地质队伍先后在各省、市、自治区迅速发展起来，探明了数以百计的矿种和相应的矿产储量，并为城市建设、矿山建设、水利建设、铁道建设和重型建筑等完成了大量的工程地质、水文地质工作。为了适应全国地质事业大发展的需要，地质院系进行了调整和扩大，他主持了北京、长春、成都等地质学院以及许多中等地质技术学校的建立，从而大大地加速了地质科学研究和地质人才的培养。当我国开始执行第一个五年计划的时候，能源问题，特别是石油问题，是摆在新中国面前的重要问题之一。李四光运用自己创建的地质力学理论和方法，组织指导石油地质工作，指出我国东北平原、华北平原、两湖地区蕴藏有丰富的石油，为我国石油资源的开发做出了重大贡献。在晚年，他对地震地质和开发利用地下热能等新领域进行了较有成效的研究。

李四光一生牢记孙中山先生对他的嘱托："努力向学，蔚为国用。"他勤奋好学，注重实践，悉心钻研，勇于创新，写下了大量地质学著作。作为科学家，李四光积极投入到向公众普及科学知识的工作中，为我们留下了许多广泛传诵的名篇。

《看看我们的地球：穿过地平线》是从李四光的大量著作中精选出来的地质科学类科普作品集，主要讲述了地球的年龄、地壳的形成、地质力学的发展、冰川的起源等地质问题。本书不但生动有趣，还可以让我们学到大量的地质知识，了解地球的基本情况，是一本兼具科学性与文学性的好书。

▶ **名师导读**	用画线点评或侧栏批注点评的形式，对文中的词句进行分析，引导读者深入思考，帮助其更好地理解作品主旨。
▶ **名师赏析**	在篇章最后，名师与读者共同分享本章的主要内容和艺术特色，提高读者分析、概括、提炼等多项阅读能力。
▶ **好词好句**	荟萃本章的好词好句，帮助读者有选择地积累词汇和写作素材，在潜移默化中提升写作水平，丰富作文内涵。
▶ **延伸思考**	根据本章内容，提出具有探索性的思考题，使读者在阅读中学会思考，在思考中爱上阅读。
▶ **读后感**	甄选同龄人的感想，让读者更为直接地体会他人的思想与情感，拓展思考力，培养主见。
▶ **知识考点**	从作者地位到情节关联，再到细节领悟，多角度、全方位地把整个作品贯穿起来，使读者加深理解，获得新的认识。

目录
|Contents|

看看我们的地球：穿过地平线

■ 看看我们的地球 　　　　　　　1

■ 从地球看宇宙 　　　　　　　　7

■ 地球年龄"官司" 　　　　　　10

■ 天文学地球年龄的说法 　　　　13

■ 天文理论说地球年龄 　　　　　16

■ 地质事实说地球年龄 　　　　　20

■ 地球热的历史说地球年龄 　　　23

■ 地球之形状 　　　　　　　　　26

■ 地壳的观念 　　　　　　　　　29

■ 地壳、地热与地震 　　　　　　32

■ 浅说地震 　　　　　　　　　　47

■ 燃料的问题 　　　　　　　　　51

■ 现代繁华与炭 　　　　　　　　60

■ 大地构造与石油沉积 　　　　　80

■ 地史的纪元 　　　　　　　　　82

■ 中国北部之䗴科（即纺锤虫）　89

■ 地质力学发展的过程和当前的任务　97

■ 启蒙时代的地质论战 　　　　121

■ 地质时代 　　　　　　　　　130

■ 三大冰期 　　　　　　　　　141

■ 中国地势浅说 　　　　　　　159

■ 侏罗纪以后中国的地势 　　　168

■ 沧桑变化的解释 　　　　　　172

■ 古生物及古人类 　　　　　　179

■ 人类起源于中亚么？　　　　206

■ 读书与读自然书 　　　　　　211

■ 如何培养儿童对科学的兴趣 　214

■ 风水之另一解释 　　　　　　216

■ 进化论与科学思想的进化 　　231

■ 《地质力学之基础与方法》序　241

■ 读《看看我们的地球：穿过地
　 平线》有感 　　　　　　　244

■ 《看看我们的地球：穿过地平
　 线》读后感 　　　　　　　245

■ 知识考点 　　　　　　　　　246

看看我们的地球

　　地球是围绕太阳旋转的九大行星（九大行星是过去的一种说法，指太阳系的内行星，按照离太阳的距离从近到远，它们依次为水星、金星、地球、火星、木星、土星、天王星、海王星、冥王星。其中冥王星于2006年8月24日被国际天文联合会划为"矮行星"，从"九大行星"之列中除名）之一，它是一个离太阳不太远也不太近的第三个行星。它的周围有一圈大气，这圈大气组成它的最外一层，就是气圈。在这层下面，就是有些地方是由岩石造成的大陆，大致占地球总面积的十分之三，也就是石圈的表面。其余的十分之七都是海洋，称为水圈。水圈的底下也都是石圈。不过，在大海底下的这一部分石圈的岩石，它的性质和大陆上露出的岩石的性质一般是不同的。大海底下的岩石重一些、黑一些，大陆上的岩石比较轻一些，一般颜色也淡一些。

　　石圈不是由不同性质的岩石规规矩矩造成的圈子，而是在地球出生和它存在的几十亿年的过程中，发生了多次的翻动，原来埋在深处的岩石，翻到地面上来了。这样我们才能直接看到曾经埋在地下深处的岩石，也才能使我们能够想象到石圈深处的岩石是什么样子。

　　随着科学不断地发达，人类对自然界的了解是越来越广泛和深入了，可是到现在为止，我们的眼睛所能钻进石圈的深度，顶多也还不过十几公里。而地球的直径却有着12,000多公里呢！就是说，假定地球像一个大皮球那么大，那么，我们的眼睛所能直接和间接看到的一层就只有一张纸那么厚。（用打比方的方法，形象、直观、生动地阐明了人类目前对石圈研究的范围之小。）再深些的地方究竟是什么样子，我们有没有什么办法去侦察呢？有。这就是靠由地震的各种震波给我们传送来的消息。不过，通过地震波（指从地震震源产生的向四周辐射的弹性波，按传播方式可分为纵波、横波和面波三种类型）获得有关地下情况的消息，只能帮助我们了解地下的物质的大概样子，不能像我们在地表所看见的岩石那么清楚。

地球深处的物质，对我们现在生活上的关系较少，和我们关系最密切的，还是石圈的最上一层。我们的老祖宗曾经用石头来制造石斧、石刀、石钻、石箭等从事劳动的工具。今天我们不再需要石器了，可是，我们现在种地或在工厂里、矿山里劳动所需的工具和日常需要的东西，仍然还要往石圈里要原料。只是随着人类的进步，向石圈索取这些原料的数量和种类越来越多了，并且向石圈探查和开采这些原料的工具和技术，也就越来越进步了。

最近几十年来，从石圈中不断地发现了各种具有新的用途的原料。〔比如能够分裂并大量发热的放射性矿物，如铀、钍等类，我们已经能够加以利用，例如用来开动机器、促进庄稼生长、治疗难治的疾病等。〕❶ 将来，人们还要利用原子能来推动各种机器和一切交通运输工具，要它们驯服地为我们的社会主义建设服务。

〔这样说来，石圈最上层能够给人类利用的各种好东西是不是永远取之不尽的呢？不是的。石圈上能够供给人类利用的各种矿物原料，正在一天天地少下去，而且总有一天要用完的。

那么怎么办呢？一条办法，是往石圈下部更深的地方要原料，这就

要靠现代地球物理探矿、地球化学探矿和各种
新技术部门的工作者们共同努力。另一条办
法，就是继续找寻和利用新的物质和动力的来
源。热就是便于利用的动力根源。比如近代科学
家们已经接触到了的好些方面，包括太阳能、地
球内部的巨大热库和热核反应热量的利用，甚至
于有可能在星际航行成功以后，在月亮和其他星
球上开发可能利用的物质和能源等。] ❷

　　关于太阳能和热核反应热量的利用，科学
家们已经进行了较多的工作，也获得了初步的
成就。对其他天体的探索研究，也进行了一系
列的准备工作，并在最近几年中获得了一些重
要的进展。有关利用地球内部热量的研究，虽
然也早为科学家们注意，并且也已做了一些工
作，但是到现在为止，还没有达到大规模利用
地热的阶段。

　　人们早已知道，越往地球深处，温度越
加增高，大约每往下降33米，温度就升高1℃
（应该指出，地球表面的热量主要是靠太阳送
来的热）。就是说，地下的大量热量，正闲得
发闷，焦急地盼望着人类及早利用它，让它也
沾到一分为人类服务的光荣。（先用列数字的
方法，准确地介绍了地热与地球深度之间的关
系。接着以一种幽默风趣的笔调生动地说明地

名师导读 / MINGSHI DAODU

❶ 用举例子的方法说明
人类从石圈中获得的原
料，以及这些物质对人
类社会的贡献。

❷ 先用设问的形式强
调说明石圈上层的资源
并不是取之不尽的，再
引出获取资源的其他方
法。需要注意的是，即
使在科技发达的今天，
李四光教授所提到的两
条办法所获取的资源依
然不能满足人类的生存
需求。所以，我们在不
断寻求更多其他资源的
同时，更应该珍惜和节
约石圈上层所剩不多的
资源。

下热能之多，对人类用处之大。）

怎样才能达到这个目的呢？很明显，要靠现代数学、化学、物理学、天文学、地质学以及其他科学技术部门的共同努力。而在这一系列的努力中，一项重要而首先要解决的问题，就是要了解清楚地球内部物质的结构和它们存在的状况。

［地球内部那么深，那样热，我们既然钻不进去，摸不着，看不见，也听不到，怎么能了解它呢？］❶办法是有的。我们除了通过地球物理、地球化学等对地球的内部结构进行直接的探索研究以外，还可以通过各种间接的办法来对它进行研究。比如，我们可以发射火箭到其他天体去发生爆炸，通过远距离自动控制仪器的记录，可以得到有关那个天体内部结构的资料。有了这些资料，我们就可以进一步用比较研究（根据一定的标准，对两个或两个以上有联系的事物进行考察，寻找其异同，探求普遍规律与特殊规律的方法）的方法，了解地球内部的结构，从而为我们利用地球内部储存的大量热量提供可能。

在这些工作获得成就的同时，对现时仍然作为一个谜的有关地球起源的问题，也会逐渐得到解决。到现在为止，地球究竟是怎样来的，人们做了各种不同的猜测，各人有各人的说法，各人有各人的理由。在这许多的看法和说法中，主要的要算下述两种：一种说，地球是从太阳分裂出来的，原先它是一团灼热的熔体，后来经过长期的冷缩，固结成了现今具有坚硬外壳的地球。直到现在，它里边还保存着原有的大量热量。这种热量也还在继续不断地慢慢变冷。另一种说法，地球是由小粒的灰尘逐渐聚合固结起来形成的。他们说，地球本身的热量，是由于组成地球的物质中有一部分放射性物质，它们不断分裂而放出大量热量的结果。随着这种放射性物质不断地分裂，地球的温度，在现时可能渐渐增高，但到那些放射性物质消耗到一定程度的时候，就会逐渐变冷下去的。

[少年朋友们，从这里看来，到底谁长谁短，就得等你们将来成长为科学家的时候，再提出比我们这一代科学家更高明的意见。] ❷

[我相信，等到你们成长为出色的科学家，和跟着你们学习的下一代和更下一代的年轻科学家们来到世界的时候，人们一定会掌握更丰富、更确切的资料，也更广泛、更深入地了解了地球本身和我们太阳系的过去和现在的状况。这样，你们就有可能对地球起源的问题，做出比较可靠的结论。

也可以相信，再经过多少年，人类必定会胜利地实现到星际去旅行的理想。那时候，一定会在其他天体上面发现许多新的生命和更多可以为我们利用的新的物质，人类活动的领域将空前地扩大，接触的新鲜事物也无穷无尽的多。这一切，都必定使人类的生活更加美好，使人类的聪明才智比现在不知要高多少倍，人类的寿命也会大大地延长，大家都能活到一百几十岁到两百岁或者更高的年龄。] ❸ 到那个时候，今天那些能够活到七八十岁的老人，在这些真正高龄的老爷爷眼前，他们也就像你们的教师在今天的老人面前一样要变成青年人了。

名师导读 / MINGSHI DAODU

❶ 提出问题——地热是对人类有价值的资源，但要如何了解和开发？引起下文。

❷ 过渡段，承接上文"谁长谁短"的问题，引出下文对少年朋友的鼓励和期待。

❸ 李四光教授对未来科学的发展满怀憧憬，对青少年一代充满期望。

少年朋友们，你们想想，这么大的变化，多有意思啊！

我们不能光是伸长脖子，窥测自然界奇妙的变化，我们还要努力学习，掌握那些变化的规律，推动科学更快地前进，来创造幸福无穷的新世界。（收束全文，鼓励大家努力学习科学文化知识，为社会做出贡献。）

名师赏析 / MINGSHI SHANGXI

这篇文章发表于1959年10月，收录在上海少年儿童出版社出版的《科学家谈二十一世纪》一书中，是李四光教授写给少年儿童的一篇科学小品。本文深入浅出地介绍了地球的结构和它在太阳系中的位置，以及它的起源的不同学说。我们不仅能从中获得宝贵的科学知识，也能深切感受到李四光教授对青少年一代的殷切希望。

● 好词好句

旋转　规规矩矩　发达　广泛　深入　假定　驯服　焦急
光荣　储存　灼热　聚合　丰富　确切　无穷无尽　聪明才智
窥测　奇妙

● 延伸思考

1.有关地球的起源，主要有哪两种说法？

2.人类了解地球内部结构的方法有哪些？

从地球看宇宙

[在宇宙空间中，分散着形形色色的天体和物质，都在运动，都在变化。]❶ 就某种特定的形态而言，有的正在生长，有的达到了成熟的阶段，有的已经消逝。我们今天看到的宇宙，是其中每一团、每一点物质，在有关它们各自历史发展过程中的一个剖面（物体切断后呈现出的表面）的总和。这个总和，不仅具有空间的意义，而且具有时间的意义。其所以具有时间意义，是因为分布在宇宙空间的天体和物质，距我们有的比较近，有的很远很远，尽管光的速度很大，可是这些光传递到地球需要长短不等的时间。因此，我们同一时间，通过它们各自发出的辐射所获得的印象，是前前后后相差很远很远的时间的印象总合起来的一幅图像，在这个相差很远很远的时间中，不但恒星、星系等的形象有所变化，它们彼此的相对位置，在几十万年，甚至几万年中，也大不相同。可以断定，今天我们所见到的天空的面

名师导读/ MINGSHI DAODU

❶ 本文为1972年9月由科学出版社出版的《天文、地质、古生物资料摘要（初稿）》第一部分的节选。该书是李四光教授应毛泽东主席之约而写的科学读本，全书主要分为七部分：一、从地球看宇宙；二、启蒙时代的地质论战；三、地层工作的要点；四、古生物及古人类；五、三大冰期；六、地壳的概念；七、地壳构造与地壳运动。本书在传播科学知识的同时，展示了科学发展的曲折历程，解决问题的思路、方法和科学原理等，倡导坚持真理、独立思考、持续创新、实事求是的科学精神。本文开篇指出"宇宙是不断运动的"这一特征，总领下文。

貌，不是天空今天真正的面貌；有的已成过去，有些新生的东西，还要等待很久很久以后，才能在地球上看见。

天文工作者用来衡量宇宙空间距离的单位之一是光年。光的速度每秒2.997925×10^5公里(约30万公里)，一年的时间内光的行程叫作一光年，即9.46×10^{12}公里(近10亿公里)。（用诠释的方法，介绍天文单位光年的概念，侧面反映出宇宙空间之大。）近代天文工作者们，用来观察宇宙的工具，有各种类型的望远镜，其中有大型反射镜，还有各种特制的光谱分析仪（一种用于测量发光体的辐射光谱，即发光体本身的指标参数的仪器），可以用来测量发光天体的温度、组成物质和运动等。最近20年来，射电望远镜发展很快，利用这种工具的设计和使用，已经成了一项专业，叫作射电天文。射电望远镜实际上并不是什么望远镜，而是装上了特殊形式天线的无线电波接收器。第二次世界大战的后期，已经有人利用雷达装置侦察来袭的飞机和导弹，现在的射电望远镜，就是在雷达接收装置的基础上发展起来的。射电望远镜能探测的电磁波（在空间传播的周期性变化的电磁场。无线电波和光线、X射线、γ射线等都是波长不同的电磁波）范围，和光学望远镜不同，所以它不能代替光学望远镜所能做的工作。

天文工作者们使用这些工具进行探索宇宙物质形态和运动已经多年了，他们逐步摸索出来一些观测和研究方法，获得了一些比较可靠的成果。

最近，宇宙飞行技术的发展，对天体，特别是对我们太阳系成员的研究（包括行星、卫星和彗星），提供了新的途径，发挥了其他方法所不能起的作用。对于恒星的观测，也起了某种作用，因为在地球大气之外，能接收和分析那些被地球大气滤掉而不能到达地面的X射线、γ射线、远紫外辐射等。

名师赏析 / MINGSHI SHANGXI

　　人类对浩瀚神秘的宇宙总是充满好奇和向往，千百年来从未停止对宇宙的探索。本文通过"从地球看宇宙"这个最容易理解的角度，说明了宇宙在时间和空间上是不断变化的，并介绍了目前人类在宇宙观测方面取得的成就，从侧面体现了宇宙研究工作任重道远。

● 好词好句

形形色色　消逝　长短不等

　　可以断定，今天我们所见到的天空的面貌，不是天空今天真正的面貌；有的已成过去，有些新生的东西，还要等待很久很久以后，才能在地球上看见。

● 延伸思考

1.衡量宇宙空间距离的单位是什么？

2.人类是如何观测宇宙的？

3.射电望远镜和光学望远镜有什么区别？前者能代替光学望远镜吗？

地球年龄"官司"

　　地球的年龄，并不是一个新颖的问题。在那上古的时代早已有人提及了。例如迦勒底人(Chaldeans)（生活在两河流域的古代居民。两河文明的中心大概在今伊拉克首都巴格达一带）的天文学家，不知用了什么方法，算出世界的年龄为21.5万岁。波斯的琐罗亚斯德(Zoroaster)一派的学者说世界的存在，只限于1.2万年。中国俗传世界有12万年的寿命。这些数目当然没有什么意义。古代的学者因为不明自然的历史，都陷于一个极大的误解，那就是他们把人类的历史、生物的历史、地球的历史，乃至宇宙的历史，当作一件事看待。意谓人类未出现以前，就无所谓宇宙，无所谓世界。

　　中古以后，学术渐渐萌芽，荒诞无稽的传说，渐渐失去信用。然而西元1650年时，竟有一位有名的英国主教阿瑟(Bishop Ussher)，曾大书特书，说世界是西元前4004年造的！这并不足为奇，恐怕在科学昌明的今日，世界上还有许多人相信上帝只费了6天的工夫，就造出我们的世界来了。

　　从18世纪中叶到19世纪初期，地质学、生物学与其他自然科学同一步调，向前猛进。德国出了维尔纳(Werner)（德国地质学家、矿物学家，"水成学"派的创始人），英国出了赫顿(Hutton)（英国地质学家，他倡导的"渐变说"为地质科学奠定了一块基石），法国出了布封(Buffon)（18世纪法国博物学家、作家）、拉马克(Lamarck)（法国博物学家、生物学家。1809年发表了《动物哲学》一书，系统地阐述了进化理论。达尔文在《物种起源》一书中曾多次引用他的著作）以及其他著名的学者。他们关于自然的历史，虽各怀己见，争论激烈，然而在学术上都有永垂不朽的贡献。俟后英国的生物学家达尔文(Charles Darwin)、华莱士(Alfred Russel Wallace)（英国博物学家、探险家、地理学家、人类学家与生物学家）、赫胥黎(Huxley)（英国博物学家、教育家，达尔文进化论最杰出的代表人物）诸氏，再将生物进化的学说公之于世。于是一般的思想家才相信人类未出现以前，已经有了世界。那无人的世界，又可据生物递变的情形，分为若干时代，每一时代大都有陆沉海涸的遗痕，然则地球历史之长，可想而知。至此，地球年龄的问题，始得以正式成立。

就理论上说，地球的年龄，应该是地质学家劈头的一个大问题，然而事实不然，赫顿以后，地质学家的活动，大半都限于局部的研究。他们对于一层岩石、一块化石的考察，不厌精详；而对过去年代的计算，都淡焉漠焉视之，一若那种的讨论，非分内之事。实则地质学家并非抛弃了那个问题，只因材料尚未充足，不愿多说闲话。待到开尔文(Lord Kelvin)（英国物理学家）关于地球的年龄发表意见的时候，地质学家方面始有一部分人觉得开氏所定的年龄过短，他的立论，也未免过于专断。这位物理学家不独不顾地质学上的事实，反而嘲笑他们。开氏说："地质学家看太阳如同蔷薇看养花的老头儿似的。蔷薇说道，养我们的那一位老头儿必定是很老的一位先生，因为在我们蔷薇记忆之中，他总是那样子。"（此处生动形象地体现了物理学家开尔文对地质学家们挑衅、不屑的态度，从侧面反映出科学家们在地球年龄问题上争论之激烈。）

物理学家既是这样的挑战，自然弄得地质学家到忍无可忍的地步，于是地质学家方面，就有人起来同他们讲道理。

所以地球年龄的问题，现在成了天文、物理、地质三家公共的问题。

名师赏析 / MINGSHI SHANGXI

1921年9月至10月，李四光应北京美术学校邀请，先后进行了15次演讲。演讲原文载入《北京大学月刊》，1929年由商务印书馆出版发行，书名为《地球的年龄》。本文节选自该书的绪言，主要介绍了不同时期人们对地球年龄的争论。这一过程颇为漫长，最初那些荒诞不经的说法已经被一代又一代科学家们的理论所推翻，体现了科学家们孜孜不倦的求知态度和严谨审慎的治学精神。

● 好词好句

新颖　萌芽　荒诞无稽　不足为奇　各怀己见　永垂不朽
公之于世　陆沉海涸　分内之事

● 延伸思考

1.关于地球的年龄，人们都有哪些争论呢？

2.物理学家开尔文是怎样嘲笑地质学家的？对此你有什么看法？

天文学地球年龄的说法

　　1749年，丹索(Dunthorne)（英国天文学家）依据比较古今日食（一种天文现象，在月球运行至太阳与地球之间时发生。这时，对地球上的部分地区来说，来自太阳的部分或全部光线被月球挡住，看起来好像是太阳的一部分或全部消失了）时期的结果，倡言现今地球的旋转，较古代为慢。其后百余年，亚当斯(Adams)（英国天文学家）对于这件事又详加考究，并算出每100年地球的旋转迟22秒，但亚氏曾申明他所用的计算的根据，不是十分可靠。康德（德国哲学家、天文学家，星云说的创立者之一）在他宇宙哲学论中曾说到潮汐的摩擦力能使地球永远减其旋转的速率，一直到汤姆孙(J. J. Thomson)（英国物理学家，诺贝尔奖获得者）的时代，他又把这个问题提起来了。汤氏用种种方法证明地球的内部比钢还要硬。（用大家熟知的事物与不熟知的事物相比较，具体可感地说明了地球内部硬度之大。）他又从热学上着想，假定地球原来是一团热汁，自从冷却结壳以后，它的形状未曾变更。如若我们承认这个假定，那由地球现在的形状，不难推测当初凝结之时它能保平衡的旋转速率。至若地球的扁度，可用种种方法测出。旋转速率减少之率，也可由历史上或用旁的方法求出。假若减少之率通古今不变，那么，从它初结壳到今天的年龄，不难求出。据汤氏这样计算的结果，他说地球的年龄顶多不过10亿年。但是他又说如若比1亿年还多，地球在赤道的凸度比现在的凸度应该还要大，而两极应较现在的两极还要平。汤氏这一回计算中所用的假定可算不少。头一件，他说地球的中央比钢还硬些。我们从天体力学上着想，倒是与他的意见大致不差；但从地震学方面得来的消息，不能与此一致。况且地球自结壳以后，其形状有无变更，其旋转究竟是怎样的变更，我们无法确定。汤氏所用的假定，既有可疑的地方，他所得的结果，当然是可疑的。

乔治·达尔文(Geo. Darwin)（英国天文学家）氏从地月系（指地球与月球构成的天体系统）的运转与潮汐的关系上，演绎出一种极有趣的学说，大致如下所述：地球受了潮汐的影响，渐渐减少旋转能，是我们都知道的。按力学的原则，这个地月系全体的旋转能应该不变，今地球的旋转能既减少，所以月球在它的轨道上旋转能应该增大，那就是由月球到地球的距离非增加不可。这样看来，愈到古代，月球离地球愈近。推其极端，应有一个时候，月球与地球几乎相接，那时的地球或者是一团黏性的液质，全体受潮汐的影响当然更大。据达氏的意见，地球原来是液质，当然受太阳的影响而生潮汐。有一时这团液质自己摆动的时期，恰与日潮的时期相同，于是因同摆的现象，摆幅大为增加，一部分的液质就凸出了很远，卒致脱离原来的那一团液质，成了它的卫星，这就是月球。当月球初脱离地球的时候，这个地月系的运转比现在快多了，那时1月与1日相等，而1日不过约与现在的3点钟相当。从日月分离以来，每月每日的时间都渐渐变长了。

近来张伯伦(T. C. Chamberlin)（美国地质学家）等，考究因潮汐的摩擦使地球旋转的问题，颇为精密。他们曾证明大约每50万年1天延长1分。这个数目与达氏所算出来的数目相差太远了。达氏主张的潮汐与地月运转学说，虽不完全，他所标出来的地球各期的年龄，虽不可靠，然而以他那样的苦心积虑，用他那样数学的聪明才力，发挥成文，真是堂堂皇皇，在科学上永久有他的价值存在。（科学家对地球年龄的"假设—成立—推翻"，是一个漫长而又枯燥的过程，然而他们从未放弃研究。即使有些科学家的假设最终不成立，他们依然为科学的发展做出了不可磨灭的贡献。）

名师赏析 / MINGSHI SHANGXI

本文原为《地球的年龄》一书的第二部分：《纯粹根据天文的学说求地球的年龄》。文中汇集了几位科学家从天文学的角度对地球的年龄进行的假设与推断，展示了天文学界对地球年龄漫长的探索研究过程。虽然科学家们的说法中存在漏洞和不足，但他们勇于探索、敢于尝试的科学态度却值得载入史册。正是因为拥有这种态度，人类才得以不断地深入了解自己所生活的地球和无限浩瀚的宇宙。

● 好词好句

考究　冷却　变更　演绎　精密　苦心积虑

● 延伸思考

1.丹索对于地球年龄问题的假设成立吗？

2.乔治·达尔文认为月球是怎样产生的？

3.科学家通过地球旋转的变化证实了什么？

天文理论说地球年龄

[在讨论这个方法以前，我们应知道几个天文学上的名词。] ❶

[地球顺着一定的方向，从西到东，每日自转一次，它这样旋转所依的轴，名曰地轴。] ❷地轴的两端，名曰南北极。今设想一平面，与地轴成直角，又经过地球的中心，这个平面与地面交切成圆形，名曰赤道；与"天球"（天文学上假想出的一个与地球同圆心，并有相同的自转轴，半径无限大的球。天空中所有的物体都可以当成投影在天球上的物件。地球的赤道和地理极点投射到天球上，就是天球赤道和天极。天球是位置天文学上很实用的工具）交切所成的圆，名曰天球赤道。天球赤道与地球赤道既同在这一个平面上，所以那个平面统名曰赤道平面。地球一年绕日一周，它的轨道略成椭圆形。太阳在这椭圆的长轴上，但不在它的中央。长轴被太阳分为长短不等的两段，长段与地球轨道的交点名曰远日点，短段与地球轨道的交点名曰近日点。太阳每年穿过赤道平面两次。由赤道平面以北到赤道平面以南，它非经过赤道平面不可，那个时候，名曰秋分。由赤道平面以南到赤道平面以北，又非经过赤道平面不可，那个时候，名曰春分。当春分的时候，由地球中心经过太阳的中心作一直线向空中延长，与天球相交的一点，名曰白羊宫(Aries)的起点。昔日这一点在白羊宫星宿里，现在在双鱼宫(Pisces)星宿里，所以每年春分秋分时，地球在它轨道上的位置稍稍不同。逐年白羊宫

的起点的迁移，名曰春秋的推移(Precession of equinoxes)。在西元前134年，希帕克斯(Hipparchus)（古希腊伟大的天文学家）已经发现这件事实。牛顿证明春秋之所以推移，是地球绕着斜轴旋转的结果，我们也可说是日月及行星推移的结果。春分秋分既然渐渐推移，地轴当然是随之迁向，所以北极星的职守，不是万世一系的。现在充当这个北极星的是小熊星(Ursae Minoris)，它并不在地轴的延长线上。

[拉普拉斯(Laplace)（法国数学家、天文学家）曾确定一件事实，那就是地球受其他行星的牵扰，其轨道的扁度按期略形增减，有时较扁，有时与圆形相去不远。但是据开普勒(Kepler)（德国天文学家、物理学家、数学家）的定律，行星的周期，与它们轨道的长轴密切相关，二者之中，如有一项变更，其余一项，不能不变。又据拉格朗日(Lagrange)（法国著名数学家、物理学家）的学说，行星的牵扰，决不能永久使地球轨道的长轴变更，所以地球的轨道，即令变更，其变更之量必小；而其每年运行所要的时间，概而言之，可谓不变。]❸

阿得马(Adhemar)（即圣维南，法国力学家）首创地球轨道的扁度变更与地上气候有关之说。勒威耶(Leverrier)（法国天文学家）又表

❶ 总起句，领起下文对地球常识概念的介绍。

❷ 简洁清晰地概括了地轴的概念，为下文其他名词的介绍做铺垫，逻辑清晰。

❸ 一个科学结论的得出往往需要许多理论的支持，这得益于诸多科学家的钻研，是科学界共同努力的结果。

示如何用数学的方法，可求出过去或将来数百万年内，任何时候地球轨道的扁率。其后克罗尔(James Croll)（波兰天文学家）发挥这个学说甚详，并用勒氏所立的公式，算出过去300万年内地球轨道的扁度最大及最小的时期。

一直到现在，我们说的都是天上的话，这些话在地上果然应验了吗？地球的过去时代果然有冰期循环叠见吗？如若地质时代果然有若干个冰期，那么，我们也可用这种天文学上的理论来定地球各冰期到现今的年代，这件事我们不能不问地质学家。

天文学家这场话，好像是应验了。地质学家曾在世界上各处发现昔日冰川移动的遗痕。遗痕最显著的就是冰川之旁、冰川之底、冰川之前，往往有乱石泥土，或成长堤形，或散漫而无定形。石块之中，往往有极大极重的、来自数千百里之遥，寻常河流的力量，决不能运送那样大的石块到那样远的地方。又由冰川运送的石块，常有一面极平滑，而其余各面，则棱角峭砺，平滑的一面，又常有摩擦的痕迹。冰川经过的地方，若犹未十分受侵蚀剥削，另有一种风景。比方较高的山岭，每分两部，上部嵯峨，而下部则极形圆滑。谷每成U字形。间或有丘墟罗列，多带圆长的形状。而露岩石的地方，又往往有摩擦的痕迹。诸如此类的现象，不一而足，这是专门地质学家的事，我们现在不用管它。

在最近的地质时代，那就是第四期（即第四纪）的初期，也可说是初有人不久的时候，地球上的气候很冷。冰川冰海，到处流溢。在最冷的时候，北欧全体，都在一片琉璃之下，浩荡数千万里，南到阿尔卑斯、高加索一带，中连中亚诸山脉，都是积雪皑皑，气象凛冽。而在北美方面，亦有浩大的冰川流徙：一支由拉布拉多(Labrador)沿大西洋岸南进；一支由基瓦丁(Keewatin)地方，向哈得孙(Hudson)湾流注；一支由科迪勒拉(Cordilleras)沿太平洋岸进行。同时南半球也是一个冰雪漫天的世界，至今南澳、新西兰、安第斯(Andes)山脉以及智利等地，都有遗迹。甚至热带地方，如非洲中部有名的高峰乞力马扎罗(Kilimanjaro)的雪线，在第四期的初期，也是要比现在低5000多英尺（英制长度单位，1英尺合0.3048米）。

由第四期再往古代找去，没有发现冰川的遗痕。一直到古生代的后期，那就是石炭纪的中叶(Permo-Carbonifero)，在澳洲、印度、非洲、南美都有冰川流行的事。再往古代找去，又有许多很长的地质时代，未曾留下冰川的遗迹。到了肇生纪的初期，在中国长江中部、挪威、加拿大、澳洲等地，又有冰川现象发生。过此以往，地层上所载的地球的历史，到处都是极形模糊，我们再没有得到确实的冰川流行的遗迹。

名师赏析 / MINGSHI SHANGXI

本文节选自《地球的年龄》一书的第三章《根据天文学上的理论及地质学上的事实求地球的年龄》的前半部分。本文简明介绍了地球的常识性概念，并阐述了地球轨道扁度与气候的关系。此外，文中所述的地球冰期的存在是由天文学家推断出来的，并被地质学家所证实，这充分说明科学问题的庞大、复杂、交融，各学科、各门类其实是相互贯通、普遍联系的。

● 好词好句

棱角峭砺　侵蚀剥削　嵯峨　圆滑　丘墟罗列　不一而足
流溢　琉璃　浩荡　积雪皑皑　气象凛冽　流徙　冰雪漫天

● 延伸思考

1.从天文学角度看，什么是春分？什么是秋分？

2.地质学家是通过什么来证实地球冰期存在的？

地质事实说地球年龄

　　地质学家求最近冰期距现今的年限，共有几种方法。这几种方法之中，似乎以德基耳（De Geer）（瑞典地质学家）所用的为最精密而且最有趣味。在第四期的初期，挪威与瑞典全土，连波罗的海一带，都是埋在冰里，前已说过。后来北半球的气候渐渐温和，那个大冰块的南头，逐年往北方退缩。当其退缩的时候，每年留下纪念品，所谓纪念品，就是粗细相间的停积物。

　　当春夏的时候，冰头渐渐融解。其中所含的泥土砂砾，随着冰释而成的水向海里流去。粗的质料，比如砂砾，一到海边就要沉下。而较细的质料，悬在水中较久，春夏流水搅动的时候，至少有一部分极细的泥土不能沉淀。到秋冬的时候，冰头冻了，水流止了，自然没有泥土砂砾流到海里来。于是乎水中所含的极细的泥土，也可渐渐沉下，造成一层极纯净的泥，覆于春夏时所停积的砂砾之上。到明年开春，冰又渐渐融解，海边停积的情形又如去年。所以每一年停积一层较粗的东西和一层较细的东西。年复一年，冰头渐往北方退缩，这样粗细相间的停积物，也随着冰头，渐向北方退缩，层上一层，好像屋上的瓦似的。（用生活化的比喻，生动形象地描述了停积物的退缩形态。）

　　德氏用了许多苦工，从瑞典南部的斯卡尼亚（Scania）海岸数起，数了3.5万层泥，属于冰期的末造。由冰期以后，一直到今日，约计有7000

层的停积。然则由冰头退抵斯卡尼亚到今天，一共经过了1.2万年。（用列数字的方法，准确地描述了冰期以后停积物的层数以及经历的时间，印证了德基耳所用方法的精密性。）斯卡尼亚以南的停积，为波罗的海所掩盖，德氏的方法，不能适用。再南到德国的境界，这个方法也未曾试过。冰头往北方退缩的迟速，前后仿佛不是一致，愈到北方，有退缩愈急的情形。比如在瑞典首都斯德哥尔摩(Stockholm)，退缩的速度，比在斯卡尼亚已经快了五倍。按这样推想，冰头在斯卡尼亚以南的时候，比在斯卡尼亚应还要慢些，所以要退出与在斯卡尼亚相等的距离，恐怕差不多要2500年。那有名的地质学家索拉斯(Sollas)，以这种议论为根据，暂定由最后的冰势最盛时代，到它退到瑞典南岸所费的年限为5000年，然则由最后冰期中，冰势的全盛时代到现在，至少在1.5万年以上，实数大约在1.7万年。在澳洲南部，地质学家用别种方法，求出当地自从最后冰期到现在所历的年数，也是1.5万~2.0万年。两处的年数，无论是否偶然相合，总可算得一致。那么，我们应该承认这个数目有点价值。

现在我们看天文学家的数目与地质学家的数相差何如，至少要差6万年。我们知道德氏的方法，是脚踏实地，他所得的数目，是比较可靠的。然则开氏的数目，我们不能不丢下。况且按天文学的理论，地球不能南北两半球同时发生冰川现象，而在过去时代，我们所知道的三个冰期，都不限于南北一半球。更进一层说，假若开氏的理论是对的，那么，地球在过去时代，不知已经过几十百回的冰期，何以地质学家在地球上各处找了数十百年，只发现三回冰期。如若说是冰期的遗迹，没有保存，或者我们没有发现，这两句话未免太不顾地质学上的事实，也未免近于遁词（因理屈词穷而避开正题所说的推托应付的话）。

原来地上的气候，与天文、地理、气象三项中，许多的现象，有密切的关系。这三项现象，寻常互相调剂，所以地上气候温和。若是三项合起步调，向一方面走，那就能使极端热，或极端冷的气候发生。比方，现在的西北欧，若没有湾流的调剂，虽不成冰期，恐怕与冰期的情形也要差不多了。（用比较和假设的方法，说明地上气候与天文、地理、气象三者之间的密切关系。）总而言之，开氏一流天文学家所创的学说，如若不大加变更，大加修正，恐怕纯是纸上空谈，全以他们的理论为根据去定地球的年龄，正是所谓缘木求鱼的一场故事。

天文方面，既不得要领，我们现在就要问地质学家，看他们有什么妥当的方法。

名师赏析 / MINGSHI SHANGXI

本文节选自《地球的年龄》一书的第三章《根据天文学上的理论及地质学上的事实求地球的年龄》的后半部分。李四光在本文中介绍了德基耳从地质方面测算地球年龄的方法，并与天文学家的推算结果进行比较，指出天文学家的推算结果不够精确。同时他指出德基耳的方法虽然精密，却工程浩大而不够实用，所以究竟如何去测算地球年龄，仍是一个需要不断探索完善的问题。

● 好词好句
融解　脚踏实地　调剂　纸上空谈　缘木求鱼

● 延伸思考

1.德基耳的测算方法为什么不适用？

2.地球南北两个半球会同时出现冰川现象吗？

地球热的历史说地球年龄

地球上何以这样的暖？我们都知道是那太阳，从古至今，用它的热来接济我们。然则太阳里这样仿佛千古不变的热力是如何来的呢？这个问题，已经费了许多哲学家和物理学家的思索。他们的思想，从历史上看来，自然是极有趣味，可惜我们没有工夫详细地追究，现在只好说一个大概。

德国有名的哲学家莱布尼茨(Leibniz)同康德(Kant)，都以太阳为一团大火，它所发散的热，都是因燃烧而生的。自燃烧现象经化学家切实解释以后，这种说法，当然不能成立。俟后，迈尔(Meyer)（德国物理学家）观察摩擦可以生热，所以他想太阳的热，也许是许多陨星常常向太阳里坠落的结果。但是据天文学家观察，太阳的周围，并非常常有星体坠落，假若往太阳里坠落的星体若是之多，太阳的质量必要渐渐增加，这都是与事实相反的。

赫尔姆霍兹(Helmholtz)（德国物理学家）以为太阳的热是由它自己收缩发展出来的。太阳每年发散的热量，可由太阳的射热恒数（solar constant of radiation）求出。赫氏假定太阳当初是一团星云，渐渐收缩，到了今天，成一个球形，其中的质量极匀。他并算出太阳的直径每缩短1‰所生的热量，可与它每年所失的热量的2万倍相当。赫氏据此算出太阳的年龄，大约在2000万年以下。如若地球是由太阳里分出来的，当然地球的年龄，比2000万年还少。开尔文对于这个问题的意见，也与赫氏

相似，不过他相信太阳的密度愈至内部愈大。

据物理学家近来的研究，所有发射原质当发射之际，必发生热。又据分析日光的结果，我们早知道日中含有氦(He)质，所以我们敢断言太阳中必有发射原质。因此，有许多人怀疑发射作用为太阳发热的主因。据最近试验的结果，1000万克的铀(U)质在"发射平衡"之下，每1点钟能生77卡(calerie)的热，而同量的钍(Th)所发的热量不过26卡。太阳每1点钟每1立方米所发散的热，平均约300卡，这些热量，假若都是由太阳内的发射原质（如铀、钍等）里发出来的，那是每1立方米的太阳质中，应有400万克的铀。但是太阳平均每1立方米的质量只有1.44×10^6克，即令太阳的全体都是铀做成的，由这种物质所生的热仅能抵挡它所消费的热量三分之一。所以以发射物质发生的热为太阳现在唯一的热源，所差未免太多。

据阿伦尼乌斯(Arrhenius)（瑞典化学家、物理学家）的意见，太阳外面的色圈(chromosphere)（现在称"色球"，是太阳大气的中间一层），大概都是单一的物质集合而成的。它的温度，约在6000~7000℃。其下的映像圈(photosphere)（现在称"光球"，是太阳大气的最内一层，太阳黑子和光斑就出现在这一层）里的温度，或者高至9000℃。愈近太阳的中心，温度和压力愈高大。太阳平均的温度据阿氏的学说计算，比它外面色圈的温度应高1000倍。在这种情形之下，按沙特力厄(Le Chatelier)（法国化学家）的原则推测，太阳中部，应有特别的化合物，时时冲到外部，到温度较低的地方爆裂，因之生热。我们用望远镜往往看见太阳的表面有凸起的地方，或者就是这种冲出的气疬。这种情形，如果属实，那是我们现在从热的方面，无法可以算出太阳自有生以来所经历的年代。

关于这个问题，近年法国物理学家佩兰(Perrin)氏利用原子论和相对论做了一番有趣的计算。佩氏因为天文学家断定许多星云都是由氢气组成的，所以假定化学家所谓的种种元素都是由氢气凝结而成的。氢的原子量是1.008，而氦的原子量是4.00，那是由氢而变为氦，失掉若干质量，质量就是能力，这些能力当然都变成热。照这样计算，佩氏算出太阳的寿命为10万兆年，地球年龄的最大限度，应为这个数目的若干分之一。但是我们若要从热的方面求地球自身的年龄，还不能不从地球自身的热量着想。

我们都知道地下愈深的地方温度愈高。地温增加率随地多少有点不同，浅处的增加率与深处的增加率当然也不等。据各地方调查的结果，距地面不远的地方，平均每深35米温度增加1℃。

从这种事实，又从热能力衰退(degradation of energy)的原则着想，开尔文根据泊松(Poisson)（法国数学家、物理学家）的假说，追溯地球从前必有一个时期，热度极高，而且全体的热度匀一，后来它的热能力渐渐发散，所以表面结壳，失热愈多，结壳愈厚。

名师赏析 / MINGSHI SHANGXI

　　本文节选自《地球的年龄》一书第六部分《据地球的热历史求它的年龄》中的一章。莱布尼茨和康德认为太阳因燃烧而产生热量，后来这一说法被化学家否定。迈尔认为太阳的热量是陨星坠落造成的，可天文学家经观测后否定了这一说法。正确的科学理论往往就是这样被逐渐发现和完善的。所以，我们在学习中也要大胆质疑，细心求证。

● 延伸思考

1.对于太阳的热从何而来，科学家们有哪些推断？

2.地球内部的温度有着怎样的变化规律？与太阳的热量是否有联系？

地球之形状

在昔日人类智识幼稚之时，咸以为地为平形，天覆其上，四海寰其周，天圆地方之说，大约由是以起。巴比伦及希伯来之谈天者，皆主张与此类似之说。诗人荷马(Homer)（古希腊诗人）亦道及"瀛寰"（指全世界），其信地为平形，大海寰之，似无可疑。及人类智识渐渐进步，观察渐渐锐敏，乃逐渐识破地平之说与日常经验大相凿枘（圆凿方枘的略语。圆榫眼与方榫头，两下里合不起来。比喻相差很大。枘，指榫头）。〔如人由南往北，或由北往南，见北极星宿迁移高度；又如船舶之向大洋中进行者，于"海天相接"之处，逐渐落于水平线下，终至不可睹。其他尚有种种现象，皆足与人以地球之概念。〕❶

首倡地形如球之说者，似为毕达哥拉斯(Pythagoras)（古希腊数学家、哲学家）。其后经亚里士多德(Aiistotle)（古希腊哲学家、科学家）多方论证，地球之说，始能成立。〔亚氏复引数学家计算之结果，谓地球之周，约长40万司塔底亚（即4.6万英里），然当时信之者固寥寥也。〕❷

纪元前250年时，埃及学者埃拉托斯特尼(Eratosthenes)始计划一种方法，以实测地球之形状，其结果虽不精确，而其方法则传至今日，测地家咸袭用之。

依重力之法则及远心力之关系，牛顿断定地球应成扁球之状，扁球之短轴即旋转轴，赤道一带稍形隆起，其长轴与短轴之比应为

230：229。惠更斯(Huygens)（荷兰物理学家、天文学家）亦依重力之关系，推测赤道之径稍大，两极之径稍小，其比应为579：578。〔1735年，法国科学院之科学专家为考察地球究竟是否成一扁球起见，特别组织二考察队，一赴秘鲁，测量赤道附近每一度所夹之弧长；一赴波罗的海北部之波的尼亚(Bothnia)湾，测量近于北极方面每一度所夹之弧长；以两方所得之结果相比较，乃得证实地球之形确属一种扁球，或与扁球类似之形状，赤道一带隆起之度较大。〕❸

自兹以后，地球为一种扁形球体之说，学者虽认为已经证实，然究竟成何种扁形，则仍属疑问。雅可比(C. G. Jacobi)（德国数学家）从动力学方面证明匀质流体旋转之时，其平衡之形状，不限于扁球，椭球之三轴成某一定之比，并在某一定旋转之时间者，若依其最短之轴旋转，亦可入于平衡之状态。地球为三轴椭球之说，由是而得力学上的根据。唯地球既非匀质之流体，则雅氏之假定，似乎根本不能成立。况就现今大陆与海洋分配之情形而论，非独三轴椭球一见而知其不能与地球之表面符合，即任何数理上之形状，恐亦未能与地表实际之形状一致。

名师导读 / MINGSHI DAODU

❶ 通过日常经验，指出古人简单判定"天圆地方"之说的不合理性。

❷ 新的理论刚问世时往往不能立刻被大众接受，它的发展成熟一般要经历一段曲折的过程，需要不断被证实。

❸ 为了得到准确的结论，科学家们不远万里进行实地考察，可见他们治学态度之严谨。

无已，吾人只可求一较为近似且较为简单之数理上的形式以为代表，是则舍扁球而外无他也。若由法、英、俄、印度、南非、秘鲁各处所测之子午弧线推算（照前法），则地球之短半径，亦即南北极方向之半径应为6356583.8米达；地球之长半径，亦即赤道之半径应为6378206.4米达；长短半径之比，亦即扁度应为294.98：293.98。

关于地球之形状，据吾人所知，盖有如此。乃近日报传有某某三君，经数年研究之结果，否认地为圆形，并否认自转、公转等事实，得某某商会之助，制成新式时辰表一架以定时刻，一若为世界上一大发明者。三君能将其破天荒之学说及其制造一公诸世乎？

名师赏析 / MINGSHI SHANGXI

本文于1924年刊于《太平洋》第四卷。地球的形状在今人看来是一个很简单的问题，可这是经过漫长的科学研究才得以确定的。从古代"天圆地方"的幼稚认知，到如今实地测量得出精确数值，正是一代又一代科学工作者坚持不懈的努力，才使人类正确认识了地球的形状。

●好词好句

昔日　幼稚　锐敏　海天相接　寥寥　破天荒

如人由南往北，或由北往南，见北极星宿迁移高度；又如船舶之向大洋中进行者，于"海天相接"之处，逐渐落于水平线下，终至不可睹。

●延伸思考

法国科学家是如何印证地球的扁球之说的？

地壳的观念

　　人们都以为我们住在地壳的表面，实际上我们并非住在地面，却是住在地中。我们的头上还有一层空气压着我们，包着我们。这层气壳的厚度，大致在三四百公里以上，不过愈向上走，气壳的密度愈小，压力也愈小，高到四五十公里的地方，气压已经比1厘米水银柱的压力还小。我们住在气壳底下，正和许多海洋生物住在海底，抑或蚯蚓之类住在土中相类。（用类比的方法形象地说明人们生活在气壳中的状态。）气壳的组成，并非上下一致的。下部氧气较多，所以生物得以生活。愈往上走，氮气愈多，到100公里以上，几乎完全是氮气。再上氦气，更上氢气成了主要的成分，严格地讲起来，这一圈大气，要算是地球的皮表，要算是地壳，但是因为流质的关系，普通不认它是地壳。我们不独不认大气层为地壳，连那海洋也不认为是地壳的一部分。

　　实际上所谓地壳者，虽无严密的定义，然大致可说是指地球上部由普通岩石组成者而言。普通人所见者，只是岩石层的表面。地质学家所见者，也不过从最新的地层到最老的地层以及各种所谓火成岩，一名凝结岩。那些极新的地层到极老的地层在一个地域总共的厚度，至多也不过二十余公里。然则我们怎样知道地下还有类似地表的岩石？又怎样知道这些岩石往下伸展到一定的厚度？更怎样知道地下是固质或液质抑或气质造成的？这些问题如果都是悬案，我们有何理由说出地壳的名词？

然而地壳的名词，久已被人用了。地壳上的人们，不见得对于地壳有极明显的了解。只是揣想着地下的材料总和在地表露出的材料不同。这种观念的发动，大约一面受了星云学说的影响，一面又因为火成岩和地温的分配，似乎地下愈到深处，温度愈高，若温度超过一定的限度，一切的固质，不免变为流质，火山爆裂，岩流迸出，骤然一看，似乎都可以做流质地球的证据。而所谓地壳者，正如地壳包着卵白卵黄。可是天体力学者告诉我们，这样鸡蛋式的地球，是不能成立的。如果地球简直像鸡蛋式的构造，它早已受不起旋转和日月吸引的力量，它绝不能成现在这样的形状。

　　传统思想，如此的混沌。因之，对于地壳这一个名词，我们不敢任意接受。我们如若还想利用这一个名词，不能不做进一步的追求。且看我们能否替它找出相当的意义，地壳的命运，就决在这些。我们没有方法去打极深的地洞，看里面的情形。现在世界上用人工凿出最深的地洞，也不过2000多米。地球如此之大，就是再凿穿2000米，也算不了一回事，况且愈到深处，工作的困难，增加愈多。我们还要知世界上有许多的事物，我们尽管能看见，能直接地感触，我们不见得就能认识，就能了解。观察是一回事，了解又是一回事。所以要看地球内部的情形，不能用肉眼，只能用智眼；不能直接地检查，只好用间接的方法探视。间接的方法，可分为下列几项，当然，仅就重要者而言：（一）地温；（二）岩石的分配；（三）地震；（四）均衡现象（内文均从略）。

　　依前述种种观测判断，地球的表面，除了大气层和海洋之外，确有较轻的岩石，造成地壳在大陆方面。地壳可分为两层，其间界限，不甚清楚，一名里壳，一名表壳。表壳由酸性岩石，如花岗岩之类造成。里壳由基性岩石，如玄武岩、玻璃之类造成。（用诠释的方法说明地壳的构成。）在海洋方面，尤其是太平洋方面，似无表壳，只有里壳。大西洋为一个比较新成的海洋，所以情形稍有不同。

表壳的厚度，至少有15公里，也许到20公里以上。里壳的厚度，大致与表壳相等。两壳总共的厚度至少有30公里，也许厚到45公里。这是就普通的厚度而言。在特别的地方，它的厚薄，也许不是完全一致，不过不能超过此限太远。地壳以下，便是极基性而且甚重的岩石，与造成地壳的材料、性质颇有差异，现在我们所知道的情形，如是而已。

名师赏析 / MINGSHI SHANGXI

　　本文为《地壳的概念》（《武汉大学理科季刊》第2卷第9期，1931年）的第一部分和最后部分。本文简单介绍了地壳的概念与构造，让读者对人类生存的空间有了更深入的了解，从而进一步激发了读者的阅读兴趣和求知欲望。

● 好词好句

严密　悬案　混沌　探视　如是而已

● 延伸思考

1.地壳就是地球的表面吗？

2.气壳中都包含哪些气体？

3.地壳分为哪几层，世界各地都是一样的吗？如果不一样，你能举出几个例子来吗？

地壳、地热与地震

原始地球，有些人认为表面有全球性的海洋覆盖，后来才划分海陆；也有些人认为，所谓全球性海洋，纯属无稽之谈，自从地球形成以来，有了水就有了海陆的划分，海与陆，是原始地球固有的表面形态。（列出人们对原始地球状态的两种猜测，引出下文。）这两种设想，都是空想，都无可靠的根据，也不值得议论。我们现在谈地壳的问题，只好从实际出发，从地球表面现实的状态出发，这个现实的状态，至少在二十几亿年以前，已经基本上形成了。自此以后的地球，只是在有了岩石壳、陆地、海洋、大气的基础上向前的发展。

［地质工作者所能直接观测的范围，到现在为止，只限于地球的表层。这个表层，只占地球表面极薄的一层。但是，构成这一薄层的物质和它结构的形式，却反映了地球在长期发展过程中，内部和外部各种变化正负两方面的总和。］❶

［内部变化，主要是建造性的，但有时既有建造作用，又有破坏作用，例如岩浆（即炽热的熔岩）上升，或并吞和熔化上层某些部分，继而又凝固；或侵入上层，破坏了它的完整性，同时又把它填充、胶结起来，而成为一个新的、比较更复杂的整体。］❷外部变化，在大陆上，主要是破坏性的，而在海洋中，主要是建造性的。但有时与此相反，在大陆上某些地区，特别是在干旱和低洼地区，被破坏了的物质，积累起

来而成为建造；在海洋中，由于海底潮流的作用，把已经形成的建造，部分地或全部冲毁，被潮流带到其他海域，再沉积下来。

所谓地球的表层，并没有明确的界线。[概略地讲，就地质工作者直接观察的范围来说，在某些褶皱强烈的山岳地带，能观测的厚度不超过十几公里，而在另外一些地层平缓的平原地区，能直接看到的地层厚度那就很有限了。这样的厚度，比起地球的半径来说，那是微不足道的。还必须指出，人们能直接观测的厚度，仅仅是地球表层的上部。究竟表层有多厚？也没有明确的界线，更谈不上地壳的厚度。但是，我们可以从这个能见到的表层中，找出与地球漫长的历史发展过程有关的资料。] ❸

很早以来，人们从地球的表层所得到的印象，逐渐形成了地壳的概念。随着地质科学的发展，地壳的概念逐渐变得比较明确了。但至今还很难指出全球地壳的厚度究竟有多大，控制地壳形态的主要因素又是如何。现在，综合各方面的探索结果，来看我们今天对地壳的认识达到了什么程度。

一、地热

有一种地球起源的概念，到现在还占着相

名师导读 / MINGSHI DAODU

❶ 从目前地质观测的成果，阐述地壳形态形成的原因，总领下文。

❷ 熔岩是已经熔化的岩石，以高温液体状态呈现，常见于火山出口或地壳裂缝，一般温度介于700℃至1200℃之间，虽然熔岩的黏度是水的10万倍，但也能流到数里以外后再冷却成为火山岩。作者在这里用举例子的方法，借岩浆来说明地球的内部变化既有破坏作用又有建造作用。

❸ 虽然地质工作者能直接观测的范围很小，但他们可以从中发现一些资料，由此引起读者的阅读兴趣。

名师导读 / MINGSHI DAODU

❶ 下定义，把地壳的概念和形态阐述得通俗易懂、生动形象。

❷ 作者列举我国大庆、房山以及欧洲、北美绝大多数地区的地温数据，充分说明了"地温增加的情形各地不同"的观点。

❸ 地壳结构复杂，不能一概而论。作者从地壳的上层和下层两个维度，对地壳分类阐述，条理清晰，易于理解。

当重要的统治地位。［就是说地球原来是一团高温度的物质，逐渐冷却，在地球表面上结成壳子，这就叫作地壳。］❶这样形成的地壳，从表面到地球的深部，温度就必然越来越高。从钻探和开矿的经验看来，越到地下的深处，温度确实越来越高。但地温增加的情形各地不同，同在一地又随深浅而有不同。地温每增加1℃，往下进入的深度名叫地温增加率，［在亚洲大致40米上下增加1℃（我国大庆20米、房山50米），在欧洲绝大多数地区是28～36米增加1℃，在北美绝大多数地区为40～50米左右增加1℃。］❷这个地温增加率，并不是往下一直不变的。假如，我们假定每深100米地温增加3℃，那么只要往下走40公里，地下温度就可到1200℃。现今，世界上各处火山喷出的岩流，即使岩流的熔点因压力的增加而有所变化，温度大都在1000℃以上、1200℃以下。据实验结果，玄武岩流在40公里的深度下，它的熔点不过增加60℃。这个数字，看来对熔岩影响甚小，对上述的1000℃以上、1200℃以下的估计没有什么影响。根据地热的情况，地壳的厚度大约在35公里。

以上是从玄武岩的特点来推测地壳的厚度。现在从地球表面的热流和构成地壳各层岩石中所含放射性元素蜕变的发热量来探测一下地壳的厚度。［地壳的上层，主要是由花岗岩类酸性岩石组成的，地壳的下层，主要是由玄武岩之类的基性岩石及超基性岩石组成的。］❸

花岗岩之类酸性岩石，平均每100万克每年由铀发出的热量为2.3卡，由钍发出的热量为2.1卡，由钾发出的热量为0.5卡，即平均每100万立方厘米的花岗岩类岩石每年发出13.7卡的热量；玄武岩之类基性岩石以及其下的超基性岩石，平均每100万立方厘米每年发出3.8卡的热量，其中超基性岩石所发出的热量，占极小的比重。

地球表面的**热流平均值**（地球内部的热能通过岩层传导和地热流体对流作用不断向地球表面散失，热流方向总是垂直于地面。大地热流值体现热流状况，是指单位时间内通过地球表面单位面积的热流值。该值是一个非常重要的综合性参数，是地球内热在地表唯一可以测量的物理量，比其他地热参数更能确切地反应某个地区地温场的特点）为每秒每平方厘米为1.25×10^{-6}卡（即每年每平方厘米40卡），除了特殊的地热异常地区或地带以外，这个数值，最小的不小于0.8×10^{-6}卡，最大的不大于2.24×10^{-6}卡。用平均热流的数值乘地球全部面积，即得每秒热流总量为$1.25 \times 510 \times 10^{10} \approx 64 \times 10^{12}$卡（=每年$20 \times 10^{19}$卡），其中大陆方面占每秒$22 \times 10^{12}$卡，即每年$7 \times 10^{19}$卡。假定大陆壳上层的厚度为18公里，地壳下层厚度也是18公里，按上述地壳上下两层发生的热量计算，大陆壳发生的热量为每年5.4×10^{19}卡，差不多可以抵消它失去的热量的80%；可是大洋方面的情况就大不相同，如果假定大洋底上面平均有1公里厚的花岗岩类岩石，其下有5公里厚的玄武岩（实际上在广大的太平洋底只有玄武岩）（括号里的内容作用是补充说明，普及了地球科学的基本知识），有人计算过，构成大洋底地壳的岩石发生的热量，抵消大洋底失去的热量不到11%。

以上假定的大陆壳的厚度和海底地壳的厚度，当然是指平均的厚度，上述数据虽然不完全可靠，但也不是毫无根据，从地震观测所获得的大量事实（详后），与上述假定，大体上是相符合的。这样推测出来的大陆壳的厚度，与考虑玄武岩流所得出的厚度，也相差不大。

地球上自有生物以来，地面的平均温度，虽然有时发生较大的变化，如大冰期来临的时代，但至少最后三次大冰期并没有使比较高级的生物群灭亡，相反，有些新种族，特别发育。这说明尽管地面平均温度下降了，但下降的幅度，不会太大。否则，高级生物很难继续生存下去，更说不上有所发展。（补充说明，从高级生物没有灭绝反推出地面平均温度下降不太大，令人信服。）

按前述构成地壳上下两层岩石含放射性元素的特点和它们的厚度来估计，地壳中岩石的发热量，是不够抵消地球失掉的热量的。那么，只有使用地球固有的热量来代偿不够消耗的数额，或者在地球内部不断发生发热的变化，来补偿消耗，才能保持地球表面的温度，不至于不断下降；换句话说，在地热潜在储量的问题上，要地球"吃老本"，才能保持它表面温度。（用拟人的手法，将地热储量消耗说成"吃老本"，便于理解。）这样一来，就会导致到一定的时候，地球会开始趋于衰老的结论。归根到底，地壳就有不断加厚的趋势。

地球表面的热流量＝地温梯度×岩石传热率

地温向下如何增加，决定于近地面的地温梯度和岩石的传热率，而近地面的地温梯度与地表温度有密切的联系，岩石的传热率基本上是不会变的，所以，如若地球表面温度没有显著的变化，地球表面的热流量也不会有显著的变化。然而事实上，地球表面的平均温度有变化，虽然变化不大，一般认为这种变化，主要是由太阳的辐射热决定的。

根据上述情况，我们可以说地球是一个庞大的热库，有源源不绝的热流。（打比方，说明地球在热能方面的形态以及地热储量之多。）

地热与地温是有密切关系的。地下的等温面一般不是平面，而是随地区和地带起伏不同，同时等温面之间的间隔也是各处不等。在等温面隆起的地方，间隔较小的地方，可以说是热异常区。这种热异常区的存在，是比较普遍的，但是直到现在还没有开展普遍的调查。在这种热异常区，取出地下储藏的热能是比较容易的。事实上，我们在钻井中已经遇到大量的热水向外涌出，热水的温度从四五十摄氏度到一百多摄氏度不等，这样，从地下取出热水并不限于热异常区，在其他必要的地区，也可以同样进行勘测和开发。从地下冒出的热水，往往还含有有用的物质，如若能够有计划地加以调查研究，在适当地点加以开发和综合利用，对祖国的社会主义建设，肯定有很大的好处。同时，在这一方面的工作，我们将会站在世界的最前列。（作者用无可辩驳的事实，有力地证明了自己观点的正确性，并对地热开发利用的前景充满信心。）

二、酸性和基性岩类的分布

火成岩的种类很多，就它们的化学性质来说，有些是以石英和其他含硅酸较多的矿物为主要成分的各种花岗岩类，属于这一类型，统称酸性岩类。另外，又有以橄榄石、辉石、角闪石等类矿物为主要成分的，有辉长岩、玄武岩、辉石岩、闪石岩、橄榄岩等，统称为基性和超基性岩。在这两个类型的岩石中间，还有许多种类的中性岩，其中以闪长岩和安山岩比较重要。从火成岩所在的地位来说，又有深成、中成、浅成和地面的区别。例如，一般认为，基性岩石特别是超基性岩，是深成的岩石，从它们的比重来说，深成的基性和超基性岩石比重较大（3.1～3.2）（比重和密度单位为：克/立方厘米。全书同），浅成的酸性岩石比重较小(2.8～2.9)。花岗岩的地位比较特殊，大部分是在地壳中较深而又不太深处形成的，因被侵蚀露出地面较多。在正常情况下，一般酸性的在上部，基性的在下部。

花岗岩的形成，有争论，现在还未解决。有的认为是地下的岩浆由于上升经过冷却而凝结的产物；有的认为是在地壳表层下面高温高压的条件之下，沉积、变质岩层经过变化而产生的。这两种对立的论点，使我们回忆到在地质学发展的初期，水成学派和火成学派的论战。不过，在今天争论的重大问题更多了。花岗岩化（指新近沉积的未固结的沉积物转变为花岗岩的复杂过程）固然是其中之一，但不像火成学派对水成学派那样水火不能相容。由于花岗岩在地球表层的范围面积很大，而且某些矿床的分布往往与它有一定的联系，所以花岗岩的成因问题，现在还是论战比较激烈的。看起来，有的花岗岩确是由岩浆凝结产生的；而另外一些花岗岩，则是在高温和高压条件下，由别的岩石转变所形成的。

我们知道，地球平均比重是5.52，花岗岩平均比重是2.7，玄武岩平均比重是2.9～3.0，橄榄岩平均比重是3.3。由此可见，越到地球的深部比重就越大，基性岩就越占优势。再往下走，比重更大的物质成分，一定会随深度增加，否则不能达到地球的平均比重5.52。这样看来，在大陆上组成地壳的岩石，只能是比较轻的岩石，不可能达到橄榄岩的程度。所以，在大陆方面，一般认为把基性的岩石当作地壳的底部是比较合理的。

一般来说，构成地壳表面的岩石，绝大部分是属于酸性的岩石；沉积岩层和沉积变质岩层，仅仅是表皮的一层，其下绝大部分是花岗岩类的岩层。这些岩层中绝大部分的矿物成分是以硅和铝为主的矿物所组成的，因此统称为硅铝层。硅铝层以下的岩层，绝大部分是由以镁、铁、硅等元素为主的矿物所组成的，因此地壳下部的一层被称为硅镁层。

但是，在大洋方面的情况则有所不同。有些大洋，例如太平洋海底有大片面积铺着极薄的一层红泥、乌淬（其中含有大量海中浮游微体生物的壳片）。红泥的平均厚度不到300米。其下几乎全是玄武岩构成的，就是说，不存在硅铝层。而在印度洋中的有些海域，发现了存在着较薄的硅铝层，其下主要还是由硅镁层组成。大西洋的情况又有些不同，大西洋底有较薄的硅铝层，看来是普遍存在的，其下还是硅镁层。根据上述情况，构成地壳岩石的性质，有这样一个比较显著的差异，即构成大陆上层的岩石，总起来说，比重较轻；而构成大洋底，特别是太平洋底的岩石则较重。这些岩石，不但主要的物质成分不同，结构形式不同，而且强度也有差别。所以，我们谈地壳，从岩石分布的观点来看，就不能不把大陆部分和海洋部分分别看待。

大陆的边缘，不是以海岸线为界的。大陆与大洋之间，经常有一个宽窄不等的过渡浅海地带，这个地带，往往是一个平缓的斜坡，有时有人称它为陆棚（或大陆架）。陆棚上的沉积物，绝大部分是由邻近的大陆输送而来的，其中生存的生物所赖以生活的物质，主要是由大陆上供给的。一般认为，大陆附近的浅海的深度为130～140米，至多不过200米。这个浅海地带的边缘，是大陆与海洋的界线。由此而下，海底斜坡坡度突然变得很大，称为深海，其中的沉积物和生存的生物与浅海有显著的差别。深海以外的海域，通属于大洋。

三、地震波穿过地球各层的速度

地震的震中，绝大部分深度不大，但也有少数地震是从地球深部发动的。每一次地震都发出三种不同的震波：第一种是纵波，又叫疏密波，它传播的方向和受震动的物质摆动的方向是一致的，好像音波一样；第二种是横波，又名扭动波，物质受这种波动而发生的摆动，并不与波动传播的方向一致，好像拿一条绳子让它摆动时，绳子各点摆动的方向和波动前进的方向是不一致的；（分别把两种震波与生活中的音波和绳子摆动的机械波做比较，使抽象的震波在读者心中形成具体而鲜明的印象。）第三种是表面波，这种波又分为两种，在此无须详述，它们仅仅在地面传播，当地震发生时，这种表面波破坏力较大。这三种波动传播的速率都不等，纵波最快，横波较慢，跟着来的就是表面波。所以，在离震中稍远的地方，它们到达的时间不同，因此，从纵波和横波到达的时差，可以计算接收这两种波动的地点到震中的距离。

弹性物质传这两种波的速度，是与它们物质的密度（比重）和某些弹性系数各有一定的关系。它们都是与传播物质的密度的平方根成反比例。因此，从震波传播的速度，可以推测传播它的物质的密度。（解释了从震波传播速度推测介质密度的原因，为下文的进一步说明奠定科学基础。）

以上这些事实，经过无数次实践的经验完全得到了证实，从理论上也可以得到证明。

另外，根据实践的经验，我们知道，固体既可以传播纵波，又能传播横波，而流体只能传播纵波，不能传播横波。

地震波传播的速度，在地球上各处看来稍有不同。从事地震工作的人们所提出的数据，也不完全一致，同一个人在不同时间提出的数据也不完全一致。不过，总的说来，只是大同小异。

　　另外有人认为，最上一层大约10～15公里，纵波传播速度大约每秒5.6公里，横波传播速度约每秒3.2公里，其下有不甚显著的不连续面，这个不连续面下的一层的厚度与上层大致相等，其传播速度是每秒6.2公里。深度45公里左右，传播速度突然增加，不连续情况极为显著。

<h3 style="text-align:center">地球内部分层数据</h3>

分层	深度（半径）公里	纵波（P）速度 公里/秒	密度 克/立方厘米	压力 （大致相当大气压）
地壳（大陆）	海平面（6371）	5.5	2.7 2.8 2.9	
莫霍不连续面	33（6338）			9000
上部地幔	50 250 低速度带	7.9-8.1 7.8 8.1	3.32	
	413—（5958）	8.97	3.64	140000
	720（最深地震）			270000
	980—（5387）	11.42	4.64	382000
下部地幔		13.46	5.66	
深部不连续面	2898＝（3473）			1368000
外核心	速度降低	8.10	9.71	
过渡层	4703—（1667）	10.31	11.76	3180000
内核心	5154—（1216）			
	6371（中心）	11.32	大约14 大约16	大约3300000 大约3600000

地幔
核心

从上列数据，可以看出：

　　（1）地震波在地球中传播的速度，一般越到深处越大。

　　（2）速度不是均匀增加的，而是达到某些深度时突然增大，达到核心表面又显著地减少。在那些深度，构成地球物质的性质显然有所变化，一般越深越重。

（3）这种突然变化及不连续的现象，标志着地球内部可以划分为若干个同心的球形圈，其中，最上一圈的厚度，一般认为33～45公里，但有的地方较厚，如西藏高原达到60公里以上，而另外有些地方，厚度较薄，最薄的地方不到30公里，个别地区更薄。这个最上的一圈，就是地壳。

（4）所有不连续面中，有两个不连续面特别值得注意。一个不连续面，有时称为莫霍面（地壳同地幔间的分界面，是南斯拉夫地震学家莫霍洛维奇于1909年发现的，故以他的名字命名）；另一个是深度在2898公里的不连续面，有时称为古登堡不连续面（地核与地幔的分界层，是德国地球物理学家宾诺·古登堡于1914年发现的）。这个不连续面以上，直到地壳的底部之间的球形圈，统称为地幔。地幔以下的部分，统称为地球核心。（本段简单介绍了地壳的构造。）

（5）到现在为止，还没有得到横波穿过地球核心的可靠记录。

（6）在2898公里的不连续面以下，地球核心各圈的密度虽然增加很快，但传播纵波的速度，反而比在地幔下部传播的速度显著地降低。

如若把地震波传播的速度和前述酸性岩和基性岩，即硅铝层和硅镁层的分布情况结合起来考虑，似乎硅铝层和硅镁层或硅镁层的上部，都应属于地壳的组成部分。这样，就可以说，地壳的厚度，除了某些大洋或大洋中某些区域以及大陆上某些区域以外，大致可以认为，平均厚度不出30～40公里的范围。这个数字，同地热方面推测的数字大致符合。

四、均衡代偿现象

由于地球自转的关系，地球表面的形状，不是理想的球形，而是一个扁球形。在两极的直径稍短，赤道的直径稍长，两者相差的数值大约为赤道直径的1/297。因为地球表面形状是个扁球，所以纬度每隔1°，在地面上的平均距离是随纬度各不相等，每一纬度与次一纬度在地面的差距是0.021公里。测量纬度的方法都是以垂直线为标准，而垂直线不能不受质量分布的影响。（引领下文，下面将用假设的方法对此进行详细说明。）

假如在同一经度上，两点之间或两点附近有大山脉存在，这时候垂直线受了大山脉的侧面吸引力，测量仪器的垂直观测线就不是真正的垂直线，而是稍向山脉倾斜。如果观测的两点在山脉一边，那么，近山脉的一点，垂直线倾斜较大，远山脉的一点倾斜要小。这些倾斜角度，都可以用重力比较精确地计算出来，然而据实际观测远星定位的结果，与按重力计算的结果不相符合，因此根据远星测量两点间的距离，往往和实际在地面丈量出来的两点间的距离不一致。

1709年5月18日，康熙命天主教耶稣会神父雷孝思等人测制满洲地图，先从辽东入手，东北至鱼皮达子（这里指赫哲等族的聚居地）。1710年，康熙复命进至黑龙江，是年12月14日图成，实地丈量，尽到最大的努力，用三角法递推互较，并测定纬度，但经度则是约推。在当时的条件下，可算是比较精密的，而其结果是地图的某些部分衔接不起来。当时认为其原因是仪器不够精密或观测方法不够准确。实际上并不是这样，而是没有考虑到重力变异的影响。这次经验，第一次揭露了地面丈量与经纬度测量两种方法之间的矛盾，明确了由此而得出的差距，可惜当时只是抓住了现象，而没有接触到问题的实质。

在印度北部靠近喜马拉雅山测量的结果，发现了由于喜马拉雅山的吸引力对垂直线的影响，只占山应有的吸引力的1/3。在南美洲及其他地区也发现了类似的现象。甚至有人测量因山的吸引力而发生的倾斜，不仅为0，有时还为负数。这样看来，大山是个"空壳子"，否则它的质量到哪里去了？这里显然存在一个很值得注意的问题。

另外，在高山顶上进行测量，也发现了类似的现象。在高山的顶上，重力的数字应该是从海平面上的数字，减去由于山的高度而失去重力，加上由于山的质量而增加的重力数字，这两项数字，都可以精确地计算出来。这个实测的结果证明，山顶重力数字接近于山不存在的数字，那么，山的质量到哪里去了？

　　山不可能是"空壳"，构成山的岩石不可能无质量，而计算所得的结果，又是根据重力的规律得出的，也不可能有重大的错误。有两种不同的想法用来解决这个矛盾：一种是，认为大山只是漂浮在地壳上部，一部分露在地面，一部分伸入地下，因为造山的岩石，主要是属于硅铝层的岩石，也就是较轻的岩石，地下硅镁层的岩石较重，如若山的地下部分，插入较重的岩层所在的地位，好像冰山浮在海上那样，那么，因为山的存在对重力所发生的影响，就可以这样抵消了；另外一种看法，认为一个山的密度（单位体积的重量）在地下可能按一定的规律增加，增加到一定的时候，它和侧面岩层的比重相等，这样，因山的存在而对重力产生的影响，也可以抵消了。这样造成的抵消面，叫作均衡代偿基准面。

　　照第一种的看法，山是有根的。就是说地面上高低不等的地区，就造山的岩石来说，在它的表面和底面，有相应而又相反的形象。照第二种看法，抵消基准面是与地球中分层的球面大致符合的。长期以来实践的经验，导致人们多数倾向于第二种看法，但在某些高山和高原地区，第一种看法，是更切合实际的。

　　这种由于地形的高低不等，而没有发生应该发生的重力变更现象，叫作地壳均衡现象。之所以发生这种现象，主要是由于有关地区岩层上下的密度发生变化，或者高山、高原较轻岩层插入地下，而得以补偿。（明确指出造成这种均衡代偿现象的原因。）然而，补偿一般都不完全，由此就出现了所谓重力异常的现象。在很多地方和地带，我们可以比较精密地测出重力异常区或异常带分布和伸展的情况，这对埋藏在地下的矿产资源和构造形态的探索来说，是有效方法之一。

大陆壳的上部由硅铝层构成，下部由硅镁层构成；大洋底部的上层有时平均有1公里厚的硅铝层，其下由5公里厚的硅镁层构成，有时无硅铝层。如果大陆壳和海底壳完全达到均衡的状态，在地表高低不等的地区，则地壳上下各层岩层密度的分布和各层高低的对比，各有差异，而均衡代偿基准面所在的深度，则应该都是一致的。有人选择了几个有代表性的柱状剖面表示这种关系，每一柱状剖面左侧数字表示岩层厚度，右侧数字表示各层平均密度。把这些平均密度乘以相应的厚度直到深50公里处，即得在这个深度处的压力。这个压力，对每一个柱状剖面都是相等的，例如对大洋底部来说，5×1.03（海水）$+1 \times 2.4$（沉积物）$+5 \times 2.9$（地壳下部的硅镁层）$+39 \times 3.3$（地幔上部的硅镁层）$=150.75$。对其他各个柱状剖面，都可以照样计算出大致相等的数字。（用举例子、列数字的方法，说明不同纬度地区的地壳厚度不同，硅铝层和硅镁层的厚度也不同。）

这样，就是说，在高度不同的地区，地壳的厚度不同，硅铝层和硅镁层的厚度各不相同，莫霍面的深度也各不相同。在大洋中，莫霍面约在海面下10公里，而在大陆上接近海平面的平原地区和高原地区，地壳的总厚度为30～36公里，这个厚度就是莫霍面的深度。均衡代偿基准面在地幔表层以下。

以上是在地壳各部分完全达到了均衡代偿的条件下做出的估计。事实上，地壳各部分均衡代偿现象是极不平衡的。有些地壳部分，如太平洋底部，总起来说，与邻近的大陆之间，比较接近于均衡，但在它的周围一带和邻近的大陆地带之间，地壳高低起伏，相差很大。例如，邻近东亚大陆的太平洋海域中，从堪察加半岛—千岛群岛—日本列岛—琉球群岛的沿岸直到菲律宾迤东，存在着一条地球上最长最深的海沟，其中有些部分，深度比10公里还大，邻近的岛屿地带，都呈现着极为显著的重力异常带，这种重力异常带，明显地反映，在这些地域，连印度尼西亚群岛及其迤南的海沟和新西兰及其东北的克尔马德克海堤和汤加海沟等地带在内，地壳远没有达到均衡代偿的要求。同样，在大陆上有许多地区，特别是高山和高原地区以及由新沉积物填平的低凹地带，通过重力测量，我们经常发现均衡代偿不良的现象。是什么力量干扰了这条规律的实现？不是别的，就是推动地壳运动的力量。地壳各部分，都在不断地通过代偿，争取达到均衡，地壳运动倾向于破坏均衡；地壳各部分争取达到均衡的倾向，可以引起有关的局部地区发生升降运动，但在地质时代的任何时期，它不可能成为发动全球性大规模地壳运动的有利因素。

名师赏析 / MINGSHI SHANGXI

本文为1972年9月由科学出版社出版的《天文、地质、古生物资料摘要（初稿）》一书中第六部分《地壳的概念》的节选，主要介绍了地壳的结构与构成、地壳蕴含的热量，以及存在于地壳的两种现象——地震与均衡代偿现象。本文不仅能使我们对地壳有一定的认识，同时也让我们看到了地质灾害预防和地下资源利用的良好前景，而这正是地质工作的重要意义之一。

●延伸思考

地震波有哪几种？它们之间有什么关系？

浅说地震

　　地震能不能预报？有人认为，地震是不能预报的，如果这样，我们做工作就没有意义了。这个看法是错误的。地震是可以预报的。（用设问开篇，否定了地震不能预报这一说法，明确了地震可以预报的观点，提挈全篇。）因为，地震不是发生在天空或某一个星球上，而是发生在我们这个地球上，绝大多数发生在地壳里。一年全球大约发生地震500万次，其中95%是浅震，一般在地下5～20公里。（列数字说明全球地震频发，侧面反映了地震预报工作的重要性。）虽然每隔几秒钟就有一次地震或同时有几次，但从历史的记录看，破坏性大以致毁灭性的地震，并不是在地球上平均分布，而是在地壳中某些地带集中分布。震源位置，绝大多数在某些地质构造带上，特别是在断裂带上。这些都是可以直接见到或感到的现象，也是大家所熟悉的事实。

　　可见，地震是与地质构造有密切关系的。地震，就是现今地壳运动的一种表现，也就是现代构造变动急剧地带所发生的破坏活动。（诠释，对地震现象进行简单说明。）这一点，历史资料可以证明，现今的地震活动也是这样。

　　地震与任何事物一样，它的发生不是偶然的，而是有一个过程。近年来，特别是从邢台地震（1966年3月，河北省邢台市隆尧县和宁晋县先后发生震级为6.8级和7.2级的大地震。两次地震共死亡8064人，伤

38000余人，经济损失10亿元，受灾面积达23000平方公里。周恩来总理三赴震区，他指示中国一定要有自己的地震预报系统。中国的地震预报事业由此兴起）工作的实践经验看，不管地震发生的根本原因是什么，不管哪一种或哪几种物理现象，对某一次地震的发生起了主导作用，它总是要把它的能量转化为机械能，才能够发动震动。［关键之点，在于地震之所以发生，可以肯定是由于地下岩层，在一定部位突然破裂，岩层之所以破裂又必然有一股力量（机械的力量）在那里不断加强，直到超过了岩石在那里的对抗强度，而那股力量的加强，又必然有个积累的过程，问题就在这里。逐渐强化的那股地应力（在漫长的地质年代里，由于地质构造运动等原因使地壳物质产生了内应力效应，这种应力称为地应力，它包括由地热、重力、地球自转速度变化及其他因素产生的应力），可以按上述情况积累起来，通过破裂引起地震；也可以由于当地岩层结构软弱或者沿着已经存在的断裂，产生相应的蠕动；或者由于当地地块产生大面积、小幅度的升降或平移。在后两种情况下，积累的能量，可能逐渐释放了，那就不一定有有感地震发生。因此，可以说，在地震发生以前，在有关的地应力场中必然有个加强的过程，但应力加强，不一定都是发生地震的前兆，这主要是由当地地质条件来决定的。］

不管那一股力量是怎样引起的，它总离不开这个过程。这个过程的长短，我们现在还不知道，还有待在实践中探索，但我们可以说，这个变化是在破裂以前，而不是在它以后。因此，如果能抓住地震发生前的这个变化过程，是可以预报地震的。

可见，地震是由于地壳运动这个内因产生的。当然，也有外因，但不是起决定性作用的。所以，主要还是研究地球内部，具体地说，就是研究地壳的运动。在我看来，推动这种运动的力量，在岩石具有弹性的范围内，它是会在一定的过程中逐步加强，以至于在构造比较脆弱的处所发生破坏，引起震动。这就是地震发生的原因和过程。解决地震预报的主要矛盾，看来就在这里。

[这样，抓住地壳构造活动的地带，用不同的方法去测定这种力量集中、强化乃至释放的过程，并进一步从不同的途径去探索掀起这股力量的各种原因，看来是我们当前探索地震预报的主要任务。

地应力存不存在？我们一次又一次，在不同地点，通过解除地应力的办法，变革了地应力对岩石的作用的现实状况，不独直接地认识了地应力的存在和变化，而且证实了主应力，即最大主应力以及它作用的方向，处处是水平的或接近水平的。从试验结果看，地应力是客观存在的，这一点不用怀疑。] ❷ 瑞典人哈斯特，他在一个砷矿的矿柱上做过试验，在某一特定点上的应力值，原来以为是垂直方向的应力大，后来证实水平方向应力比垂直方向的应力大500多倍，甚至有的大到1000倍。

构造地震之所以发生，主要是在于地壳构造运动。这种运动在岩层中所引起的地应力与岩层之间的矛盾，它们既对立又统一。地震就是这一矛盾激化所引起的结果。因此，研究地应力的变化、加强到突变的过程是解决地震预报的关键。抓不住地应力变化的过程，就很难预言地震是否发生。

名师赏析 / MINGSHI SHANGXI

　　我国幅员辽阔，地震现象比较普遍。李四光教授一直很重视地震预测预报工作。1953年他兼任中科院地震工作委员会主任，1955年专门论述了中国西北部活动性构造体系与地震带分布的关系。1966年邢台地震后，年近八十的李四光教授多次跋山涉水，亲自调查地震地质现象。他提出的一些思路和方法，为之后地震预测预报工作指明了方向、奠定了基础。本文为1977年地质出版社出版的《论地震》一书中《地震是可以预报的》的节选，主要阐述了地震发生的原因，以及预测地震的关键——加强对地应力的研究和观测。

好词好句

急剧　偶然　蠕动　前兆　变革　对立　激化

延伸思考

1.地震是如何发生的？

2.李四光教授认为预测地震的方法是什么？

燃料的问题

　　自从人类知道用火以后，维持日常生活最重要的物质，除了食料，恐怕要算燃料，（开篇点题，申明燃料在日常生活中的重要性。）至文化幼稚的时代，所谓燃料者，只是树木草卉；燃料的用途，大部分也不过烧一烧食物。到了物质文明发达的今日，无论燃料的种类或用途，花样可多了。试想我们日常穿的、用的东西，有多少不是直接或间接靠火力造成的？试想这世界上有多少地方，假使冬天不生火，还可以居住的？从香水、胰子说到飞机、大炮，我们能举出多少件东西与燃料绝对没有关系？是的，什么叫作物质文明，简直就是燃料里烧出来的。（先用排比、反问增强语势，最后简洁有力地总结说明，强调了燃料在人类物质文明建设中的重大作用，发人深省。）

　　这一件日常生活的必需物，这一种物质文明的老祖宗，久已成了世界上攘夺的目标，国际政策影射的焦点。法国人一定要抓住鲁尔可以说完全是为这样东西的缘故。（鲁尔工业区位于德国西部，有着丰富的煤炭资源。1923年1月11日法国出兵占领德国鲁尔工业区。）日本人拼命掠夺我们的满洲，并且还要垂涎山东、山西，一部分的缘故，也在这里。燃料的问题，既是如此的重大，我们当此准备建设的时期，当应有充分的考虑。（作者通过上面法国占领鲁尔和日本侵华的例子，强调燃料对国家发展的重要性。）

名师导读 / MINGSHI DAODU

❶ 按不同标准给燃料分类，说明燃料形式多样，种类很多。

❷ 通过"米荒"和"柴荒"的对比，突出燃料虽然重要，但人们还不够重视的事实。

❸ 通过两句俗语，生动地说明了植树造林不能瞎干、蛮干，要掌握一定的方法才行。

燃料的种类很多。［现今通用的，就形式上说，有固质、液质、气质三项的区别；就实质上说，不过木材、煤炭、煤油三大宗。］❶其余火酒（即酒精）、"辨增"（即沼气）、草、粪（中国北方就有地方烧粪）等类，比较起来，究竟分量很少，用途也极狭隘。实际上算不算燃料，都没有多大的关系。

现今中国的工业，说好一点，不过刚刚萌芽。所需要的燃料，大部分都是供家常的消耗。所谓家常的消耗，大部分就是烧菜、煮饭、点灯而已。这一类的消耗，看起来是很小的事。然而那无数的穷民，为了这一类的事，已经劳苦万状，有时候竟求之不得。［乡下人向来把他们需要的东西，按紧急的程度，分了一个次序，叫作柴米油盐酱醋茶。他们偏偏要把柴搁在头一位。这是不是说柴有时候比米还重要呢！除了大荒年的时候，有钱总买得着米，然而在特别的地方，有钱竟买不着柴。米荒有人注意，柴荒从来没有人过问。］❷这种奇怪的习惯，犹之乎有了厨房，不管毛厕一样的？

刚才说在特别的地方有钱买不着柴。其实我们要到乡下去看一看，就知道那样的事情，并不是很特别的。现在全国的矿业还是如此的幼稚，交通又是如此的不便。乡下人所用的柴，恐怕百分之九十九还不止都是柴草。一生居在都市的人们，也许不明白个中的实情，像我们乡下的穷人，才知道什么叫作"一粒的艰难，一草的辛苦"。费了九牛二虎之力，弄出两斗黄米、几升黑面，要是没法烧熟，教我们怎样好吃得下去。

然则要救济柴荒，有什么办法？一言以蔽之（用一句话来概括）曰造森林。请看中国的土地如此之大，荒山荒野如此之多。除了那自生自灭的野草以外，还有什么东西长在山上？这岂不是证明中国人连栽几棵树的能力也没有吗？不错，这几年来，大家都有点觉悟，每逢清明的前后，全国的什么衙门、官署、公共机关，美其名曰植树节，闹得不亦乐乎。究竟植树的成绩在哪里？像这样闹了20年的植树节，恐怕不会有两棵树长成的。

森林的培植，当然不仅仅为了供给燃料，要制造木材原料，要护山陵的崩泻，防止河流的"淤塞"，造成幽美的风景，都非借森林的力量不可。在北方广漠的地方，如果能造成巨大的森林，竟能多少影响雨量，也是说不定的事。

森林的利益，谁都知道，用不着多说闲话。现在的问题是：用什么方法，大规模地造林。更紧要的问题是：种了树以后，如何地培植，如何地保护。这自然是政府的责任？否，是政府应该请专家负担的责任。奖励造林，保护森林的法令，固然不可少；怎样地造林、造什么林等技术方面的问题，也得及早研究，［力大吹不响喇叭，石灰坑里养不活水仙花。］❸不知道土壤的性质，不知道植物的特性，不管害虫的繁殖，不管植物生长的程序(ecologie)。瞎干，蛮干，十年八十年，也不会得着什么结果。

因为说起家用的燃料，我们就便说到森林。其实今天最重要的燃料，还是煤炭和煤油。

现今这个时代，还是煤铁时代。制造物质文明的原动力，最大部分就是出在煤身上。那么，要想看中国工业将来的发展，第一步恐怕就得考虑中国究竟有多少煤存在地下。煤不是能生长的东西，用了就完了。如果我们想保护将来的工业，决不可把我们大好的煤田，随便糟蹋了。开煤矿是比较的简而易举的工业，只要运输上有了办法，不愁它没有市场。所以假使我们要想从工业方面，实施中山先生的民生主义，头一件事，恐怕就免不掉建设铁路，开发几个大的煤田。英国的工业发达史上，已经给我们一个很好的例证。

因为中国的矿业，还没有发达；又因为中国的矿产，还没有详细的调查（近年来，虽然北京地质调查所有了相当调查的结果，大部分的人还不曾知道），（反映出那个时代，我国矿藏调查和开发工作还有很长的路要走。）一班人还在那里做梦，以为中国"地大物博"，矿产是取之不尽、用之不竭的。实际地讲起来，中国的金属矿产，除了特种的矿物（如锑、钨等类）外，并不能算丰富，比较美国，那是差多了。唯有煤矿，无论就质的方面说，或就量的方面说，总算不错。就质的方面说：中国的无烟煤，差不多要占中国总煤量的四分之一，烟煤要占四分之三。就量的方面说：我们现在虽然不能说出一个很精确的数目，然而也曾有人估计一个大概。据民国十年（即1921年。1912年1月1日中华民国成立，定1912年为民国元年），北京地质调查所的报告，各省地下储煤的总量，以1兆吨为单位，大致如下：（为了证明我国储煤量丰富，作者采用了图表法来说明，不但条理清晰、直观具体，使人看了一目了然，而且有说服力。）

直隶	2370
奉天	985
热河	930
察哈尔绥远	460
山西	5830
河南	1765
山东	685
安徽	205
江苏	190
江西	815
浙江	12
湖北	13
湖南	1600
四川	1500
陕西	1000
甘肃	1000
黑龙江	160
吉林	160
云南	1200
贵州	1300
福建	150
广西	500
广东	300
总计	23435

（直隶，指河北省。奉天，即辽宁省。热河，中国旧行政区划的省

份之一，位于今河北省、辽宁省和内蒙古自治区交界地带。察哈尔，中国旧行政区划的省份之一，1952年撤销，原辖区并入河北、山西二省，内蒙古自治区以及北京市；绥远，中国旧行政区划的省份之一，包括今内蒙古自治区中部、南部地区。上表各省地下储煤的数量合计为23130兆吨，与表内总计的数据有出入，疑统计资料有误。）

以上的估计，未免失之太谨。要是宽一点计算，也许总数可以增一倍，那就是说中国储煤的总量，打宽一点，大概有4.5万兆吨。平常看起来，这个数目，可算得不小。在工业还没有萌芽的今日的中国，每年消费的煤量不过20兆吨左右，这些煤，已经够我们用几千年。可是要和美国的总储煤量比较，全中国的储煤量，不过抵当它的四分之一！这是许多人做梦都想不到的事。［我们的工业发达起来的时候，煤的消费量自然也要增加。再过两三代人，中国最大的矿产——煤——难免不发生问题。然而发生问题不发生问题，是将来的事。现在的问题，是如何爱惜它，如何利用它。］❶

在前表中，我们有几件事应该注意：北方的煤量，比南方差不多多一倍。山西一省的煤量，差不多要占北方各省的总量三分之一。山西煤最好的出路是青岛。那么，很明白了，为什么日本人要和军阀勾结侵略山东，觊觎山西。

在采煤的当地，比如山西的大同、阳泉，河南的六河沟，一吨煤不过两三元。但在上海、汉口等处，一吨煤有时涨到二三十元，平常也要十几元。这完全是运输不便的缘故。采煤事业，既然是比较的轻而易举，靠得住有利的实业，将来铁路的布置，就应该以开发几个主要的煤田为计划中的一件重要的根据。

煤的用途很多，里面的副产物都很贵重。假定以前所说的话是对的，假定在我们发展工业计划中，采煤是应先举办的事业，当此准备建设的时期，我们对于全国的煤，就应该有一番彻底的调查和研究。如果来得及，设立一个专门研究煤的机关，纯粹从科学方面着手，也未始不可。那样一来，全国各大学各专门学校一部分的毕业生，还愁没有事干吗？何必要请学化学的去做此事呢。

以上是关于煤方面的话题。摩托（指内燃机，英文motor）发明之后，世界上燃料的需要发生是新花样，摩托需用液质的燃料。航空事业的骤然发展和海军设备更新以后，摩托的总马力数也骤然增加。如是弱小民族所有的油田，又成了国际政治上一个重要的争点。英国人死命地想抓住波斯的巴库，向来不关轻重的加利西亚，现在大家都往那里鼓眼挥拳，就是为了这个玩意。

中国的油田，到现在还没有好好地研究。我们只听说陕西的延长和四川的自流井一带，有若井油者或盐油井。但是出量颇不见佳。〔虽然民国三年（即1914年）的时候，美孚油行在陕北的延长、肤施（现在的延安）、中部三县钻了7口3000尺以下的深井，然而结果并不甚好，他们花了300万元，干脆地走开了。〕❷但是美孚的失败，并不能证明中国没有油田可办。就道路的传说，从新疆北部的乌苏、绥来、迪化（即现在的乌鲁木齐市）、塔城一直到甘肃的玉门敦煌镇等处都有出油的模样。

中国西北方出的油希望虽然最大，然而还有许多其他地方并非没有希望。热河据说也有油苗（地壳内的石油在地面上显露的痕迹），四川的大平原也值得好好地研究，和"四川赤盆"地质上类似的地域也不少，都值得一番考察。不过油田的研究，到一定的步骤，非花一宗大资去钻探不可，在一贫如洗的中国，现在要像美孚那样，花掉两三百万不算一回事，恐怕没有一家私人的营业敢说那一句话。那么，这种事业，只好用国家的力量去干。

有一种石头，名叫含油页岩（即油页岩，是一种高灰分的固体可燃有机矿产，通过低温干馏可获得页岩油，含油率大于3.5%）。这种石头经过破坏蒸馏以后，也可取出多少油质。现今世界上因为煤油的需要很大，而攒油的供给有限，有若干地方已经开采这种含油页岩，拉它来蒸馏。日本人在抚顺现在就是用他们海军省的力量去干这件事。中国其他的地方，是不是出产此种岩石，这是要请教中国地质学家的。

总而言之，燃料的问题，无论在日常生计上，或大规模的工业上，是再紧要不过的问题。我们不说建设就罢了，要讲到建设，对于这一件劈头的问题，马上就得想法子解决。到了世界上的煤和煤油用尽了的时候，科学家也许会利用原子以内的能力，也许会直接利用太阳的热能，也许有其他方法代替燃料。不过在现在这个时期，在今日的中国，说那一类的话，还早着呢。（此句表达了作者对未来资源开发的展望，也表达了作者要立足当下的严谨的科学态度。）

名师赏析 / MINGSHI SHANGXI

　　1914年美孚石油公司在中国寻找石油失败。1922年，美国斯坦福大学教授布莱克威尔德来中国调查地质，回国后写论文说："中国东南部找到石油的可能性不大；西南部找到石油的可能性更是遥远；西北部不会成为一个重要的油田；东北地区不会有大量的石油。"于是，他们得出了"中国贫油"的结论。当时，李四光对"中国贫油"论持反对意见。他于1928年在《现代评论》第7卷上发表了本文。本文除了论述燃料的重要性，还驳斥了"中国贫油"的论点。后来，李四光凭借着对中国地质数十年的研究，于1962年初完成了对开采石油起关键引导作用的《地质力学概论》。在李四光等地质学家提出的科学论断的指导下，1959年9月26日大庆油田出油，1962年9月胜利油田出油，之后华北油田、大港油田相继出油。李四光冲破旧有石油理论的束缚，向"中国贫油"论挑战，用科学改变了中国的现状，摘掉了中国"贫油"落后的帽子。

● 好词好句

攘夺　影射　垂涎　狭隘　萌芽　劳苦万状　九牛二虎之力
救济　不亦乐乎　幽美　培植　糟蹋

● 延伸思考

1.森林的用途有哪些？
2.我国煤炭的优势在哪里？

现代繁华与炭

一、欧美"文化"的曲子

[诸位同学，前天有几个朋友邀我到这里来讲演。] 我一想，这倒是极有趣味，但是极不容易的一件事。我有什么把握，可以在诸位面前大言不惭地讲经说法？今天时候不多。本不容说闲话。但是我们看世界上有许多人把世界上的事往往平常看过。甚至讲到学术，大家也就不知不觉守一种人云亦云的态度。人类进步甚慢的大原因，恐怕就在这里。我们倘若想脱离这种积习、这种束缚，不可不先存一种气概。诸位苦心志，劳筋骨，到欧洲来求学，自然是抱着一种气概，令人佩服的。但是我所说的气概，与这个意义有点不同。[我的用意，是要我们互相勉励、互相警戒，凡遇着新境象、新学说，切不可为它所支配，为它所奴隶。我们还要分析它，看它究竟是怎么一回事。既到学术场中，心只管细，胆只管大，拿着主脑（思想的法则，Logique），就是那冲烦错乱的世界、天经地义的学说，都不能吓倒我们。] ❷ 从前在中国有人问孔，就斥为异端。现在讲学，没有这回事情。诸位尽可放心。虽然，我们万不可故意与人家辩驳、与人家捣乱；或者逞一己的偏见，固执自豪；或者好作奇谈，沽名钓誉。那种狂谬的行为，非独不是勇猛精进的正道，而实在是一种精神病；已远出自由讲学的正轨，[真正讲学的精神，大概用一句话可以包括，那就是为真理奋斗。] ❸

我方才含糊地说了新境象三个字。什么叫作新境象？从实地看来，我们现在所处的境遇，可算得是一个新境象。（诠释，解释、剖析上文提到的新境象。）这境象与我们朝夕不离。所以我们切不可为它所蒙昧，我们应该冷眼观察它，并且详细地分析它。我曾听得许多人讲，我们中国人初到欧洲的时期，大概不免为这边的"物质文明"所牵动。中国人大半都说中国所缺的也就是这个"物质文明"。然则什么叫作文明？什么东西为造成这种"物质文明"最紧要的原料？今天我原来是想同诸位讨论第二个问题。但是第二个问题牵涉第一个。所以对于第一个问题也不能不约略地讲几句。

诸位都知道"物质文明"这四个字，在中国是一个新名词。讲点新学的人没有几个不把它当作一个口头禅用。至若说到这个名词所包括的东西，我想没有两个人意见完全相同。倘若一定要追求它的意义，大家不过糊糊涂涂地说那轮船、火车、飞机、大炮之类，就是"物质文明"的器具。这些器具动起来的时候，就成了一种"物质文明"的表见。我想一般欧美人对于"物质文明"的观念也不过如是。或者有人要那人类社会的许多机关也加在"物质文明"里去。是否得当，我都不敢说。这样看

名师导读 / MINGSHI DAODU

❶ 该文是李四光刚结束在英国的学习，应北京大学校长蔡元培之聘准备回国之际，留法勤工俭学会邀请他去做报告，因此专程赴巴黎给那里的留学青年做的报告。1920年2月28日发表在《太平洋》第2卷第7号上。现为使广大读者都能阅读，在编选中删去了一部分他的专业论述。

❷ 做学问不能人云亦云，要独立思考、大胆质疑。这是李四光对留学青年的忠告，对我们今天的学习同样适用。

❸ 点睛之笔，道出了真正的学术精神——为真理而奋斗。做学问既不能人云亦云，又不能偏激狂谬，而要脚踏实地、实事求是。

来，"物质文明"这个名词，并没有一个一定不易的定义。（对于"物质文明"，大家理解各有不同，很难有确切定义，此处为下文做铺垫。）

再进一层着想，"物质"两个字，是对"精神"两个字说的。既说有物质文明，当然可说有精神文明。然则精神文明与物质文明的区别若何？有人说一切性情及意识的活动，都属于精神界，故感情及思想上的产物，如乐谱、著述之类，皆为精神文明的表见。〔试问这样情意的活动，能否超脱物质？又试问种种物质的东西及其活动，能否脱离无影无形的自然法则及生物的意识？〕 我现在任怎样想，想不出一种绝对的是精神上的东西，并想不出一种绝对的是物质的东西。物理学家都认为宇宙之间，无处不有一种弹性完全的东西，名叫"以太"(Aether)（古希腊哲学家首先设想出来的一种媒质。17世纪后，为解释光的传播，以及电磁和引力相互作用现象又被重新提出。直到20世纪初，随着相对论的建立和场的进一步研究，完全确定了电磁波的传播和一切相互作用的传递都通过各种场，而不是通过机械媒质。这样，"以太"就成为一个陈旧的概念而被抛弃了）。某物理学家讲可见的物质，是以太中发生的不可见的事故。不可见的以太，倒是实在的一种东西。这是纯粹物理学上的问题。我们今天就是想讨论，也绝讨论不了的。现在姑勿论物质究竟为何，精神物质两元的设想(Dualisme)，总有许多地方想不通的。我们既不能决定精神的东西与物质的东西是否不即不离，又不敢遽然说它们是一种东西的两个面子。所以无由区别精神的文明与物质的文明。

说到文明，诸位还要许我讲几句闲话。我们初到巴黎来看这里的房子如此之大而且华丽，街道如此之宽而且清洁。天上飞的，地下跑的，瞬息千变。我们就吃了一惊。到了休息的日期，那大街上人山人海，衣冠文物，一齐都摆出来了，我们又吃了一惊，不独惊讶，而且心里不知不觉生一种钦慕之感，以为欧洲的文化实在比中国胜多了。过了几天，也觉得没有什么了不得的，以为欧洲的文明，不过如是如是。这两种感想，都有一点道理，但都是极粗浅浮泛的。仔细一想，就知道他们的文化根源，另在一个地方。在什么地方？在他们的脑袋子里。他们尊重论理（Logique）严守秩序，勇于对人对物的组织等情形。比中国那无法无天，混闹一顿，是有点不同，是文明些。如此说来，与其称现代欧美的文化为物质文明，不若称之为广义机械的文明。〔至若由这种抽象的机械所生的种种现象，如各样的建造以及各种熙熙攘攘的情形，最好是另用一个名词代表，我想无妨称它为繁华。〕❷

　　我原来想把今天讨论的题目叫作"物质文明与炭"。但是因为"物质文明"四个字的意义暧昧如前所述，所以不得已将题目改为"现代繁华与炭"。文明不文明，与我们今天没有关系。繁者对简而言，华者对实而言。由简趋繁，由实之华，仿佛是自然的趋势。枝节虽多，根本却是没有极大的变更。〔譬如有树，一入冬天，就枝叶零落，状如枯槁；但是春夏再至，茂盛蓬勃，又如去年。是可见树木繁华的状态，是一种生生不已的势力的表见。〕❸ 每遇有

名师导读/MINGSHI DAODU

❶ 作者连用两个"试问"和两个"能否"，论证了精神文明和物质文明是相互依存，而不能完全独立区分的观点。

❷ 点出题目中"繁华"的由来。作者认为"繁华"是工业发展所造成的现象，而工业发展的必要条件之一就是能源（炭），这为下文解释题目做铺垫。

❸ 作者举树木枯荣的例子，说明能量守恒的道理。

适宜的机会，如气候温和、肥料充足等条件，它就发泄出来了，条件不对，它又收藏如故。

[然则什么是最有利的条件助长现今人类的繁华？人类用种种方法以谋繁华，正如那草木常具生生不已的势力时时刻刻要求发展，这是人类自己的事、草木自己的事。如若外面的机缘不适、情形不对，任它们怎样想发展也是发不出来展不出来的。我方才说要同诸位讨论什么东西为造成"物质文明"最紧要的原料，倒不如说什么东西是现代繁华的的最大的凭借？这个东西就是我们大家都知道的天然势力（现统称为"能"）。天然势力的种类虽多，但是可以供人类役使的，至今我们只知有流行不已的热势力（即热能）。] 人类所用的其余各样的天然势力，大概都是由热势力换来的。热势力为人类所做的事，实在不少。广而言之，如若没有热势力流行，地球上今天恐怕没有这种种生物，自然连人类也是没有。但是与我们现在的问题相关的，并不是那广大无边的热势力，乃是集注于一地的热势力。在一定的地方集注的热势力愈大，它发展出来的时候，情形愈是激烈。所以人类活动的程度，造出的繁华，当然是与他所操纵的热势力集中的程度为比例的。[我们现在可以举出几件事实，大家就知道我们现在的生活，与这种集中的热势力相关是如何密切的。] ❷

试问我们这一座房子是什么东西造成的？最紧要的材料就是砖瓦、木料、玻璃等项。砖瓦、玻璃都是用火烧成的。木料是直接犹如火一般的太阳送来的光线养成的。然则没有如是的激烈热势力，我们这个房子就住不成了。诸位同我是如何到这里来的？坐轮船、坐火车、坐电车来的。轮船、火车、电车如何能动？因为有一架或几架中央的热机关。我这一件衣服的原料是如何做成的？是机器织成的。机器因为什么旋转？

我想后面必有一架热机推它。所以我们如若不会用或不能用集中的天然热势力，今天这回事恐怕不会发生。请诸位再到巴黎繁华场中看看，无论是事是物恐怕没有几多不是直接或间接由热力造出来的。［然则这样激烈的热力是由什么地方来的？一极小部分由煤油（这里所说的煤油，即石油）发生的，大部分是由煤炭发生的。］❸

现在我们就要问世界上的煤炭是不是有限的？是不是可以生长的？若是有限，若是不能生长，到了世界煤炭用完了那个时期，或者就是有也极不容易开采的那个时期，我们是不是可以发现一种势力的储蓄物或一种势力的渊源来代替煤炭？这些问题就是我们今天的问题。

至若煤油有限极了，由地质学上考究起来，我们确知世界上的煤油远不及煤炭的多。所以最要紧的问题还是在煤炭，不在煤油。现在内燃热机日盛一日。到了没有煤炭的日子，煤油一定早没有了。英国地质学家拉姆齐（A. C. Ramsay）早已警告英国人，他说如若英国每年消费煤炭的量将来不减，不过二三百年，英国三岛就没有炭可挖了。英国地下所藏的煤炭渐渐减少，工业渐渐困难的问题，杰文斯（W. S. Jevons）（威廉姆·斯坦利·杰文斯，英国著名的经济学家和逻辑学家）早已论过。岂独英国为然，哪一个所谓文明的国民不是用许多人拼命地挖炭，只有中国还有许多煤厂，不独没有用新法开采，并且没有一个详细的调查。所以我想今天借这个机会，把中国煤厂分布的情形，就我所知道的约略一述。

二、中国煤厂分布的情形

说到地下煤层分布的情形，我们已经侵入地质学的范围。诸位中大约有没有学过地质学的？所以现在最好是先把地壳构成的情况略谈一谈。为什么不说地球而说地壳？因为关于地球结壳以前的历史，我们还没有确当不易的知识。康德早已说到这个问题，但不完备。自法国有名的天文学家拉普拉斯(Laplace)以星云(Nébuleuse)之说解释太阳系的由来以来，种种关于地球的由来的学说，逐渐演出。论到枝枝节节，虽是众口纷纷，莫衷一是。而关于大概的情形，大家的意见似乎相同。地球的初期无所谓球，大约是一团气汁。历时既久，这气汁自然地渐渐冷缩。它的表面结成硬壳，高低不平。壳上的空气中所含的气渐凝为水，于是海陆划分，于是种种地质学上的现象发生。地质学上所讲的地球史，顶古也不过是从那时候起。

"地质学上的现象"这几个字还要费解。我们都知道那做文章的人常用"坚如磐石""安如泰山"等成句。意若曰那磐石、泰山是千古不变的。这个观念，根本地错了。仔细考察起来，我们就知道有许多天然的力来毁坏它们，来推移它们。它们朝夕受冰霜凝解热度变更的影响，渐渐疏解；又受种种化学的作用，渐渐腐坏，加以风雨的摧残、河流的冲激，无一时不受剥蚀，无一时不经历变迁，何安之有？那些已经破坏的岩石，或为块砾，或为砂泥，散在地面。久而久之，都为雨水河流洗到湖海里去，一层一层地停积起来。据种种考察，现今海底停积物的成分粗细，与其所停积的地方有关系。在海滨停积的东西，大概砂砾居多，离海滨愈远，砂砾愈少，泥质愈多。而在大洋底的停积物，往往为石灰质或矽质。这种石灰质或矽质，大都是海中的生物（孔虫、放射虫、硅藻等）的遗骸造成的。这样看来，地表变迁的现象可分三项：曰剥蚀，曰转运，曰停积。陆地常遭剥蚀、潮流河流或风力专司转运、海底常主停积，这三项现象，自然是有连带的关系。

还有许多现象是由地里发生的，最明显的就是火山爆裂、地震、地裂等事。这些剧烈的现象，是人人都知道的，更有缓慢的现象不容易观察。比方，在海滨往往有古代人工所造的泊船码头，今日远出海面；又时有森林的遗迹，今日淹没于海湾。此类的事实，不一而足。（举例子，说明地壳是不断运动的，只是非常缓慢，不易被人察觉。）这种事实何以发生？诸位想想。那自然是因为海面与陆地做一种相差的运动，或是不一致的运动。我们有许多另外的凭据证明这些变迁并不是因为海面的升降，然则必是因为陆地的起跌。所以我们知道这个地皮是动摇不定的。只因动得极慢，所以人都不知不觉。是的啊！就是我们现在的地方，自地球上有生物以来，不知道已经沧桑几变。

以上所说的各种现象，都落在地质学的范围里，都是经了许多的经验、许多的观察分别出来的，既非想象，又非学说，主使这些现象的力，现在就在运行。我们既知道这些现象的原原本本再来由已知求未知，就现在推过去。这当然是考究地球历史的一个正当方法。但是过去的现象已经过去，我们有什么路径去寻它？我们因为能通一国的文字，所以能读一国的历史书，由那历史书上的种种记录，就得以知道那一国的历史。这件事含着两个紧要的条件：（一）先要得一部历史书。

（二）那历史书中一页一页的图画文字要我们能懂的。现在我们已经有了一部大书，专写地球自结壳以来的历史。那书是什么？就是地壳。（把地壳比作地球的历史书，说明地球的变迁都在地壳上留下了痕迹，研究地壳对地球有着非常重要的意义。）关于第一个条件，我们是已经满足了。但是说到第二个条件，就有种种的难题发生。地质学家关于地球的历史争来争去，说来说去，总离不了这些难题。想解决这些难题，我们不能不借用各种科学公共的根本法则。那就是相似的原因必发生相似的结果，时与地没有关系。这个大法则，可算得是科学家的上帝。假使我们把现今地面各处发生的地质或地文学上的现象搜集起来、连贯起来，我们就不难定夺某某原因发生某某结果。北方冰川经过的地方（因），常有带痕迹的岩石（果）；河流经过的地方（因），常遗砂砾之类（果）；火山爆发的地方（因），常有喷出的岩片、岩灰或岩流等物（果）；气候炎热的地方（因），往往生长特别的动物、植物，如鳄鱼、椰子之类（果）；过去地面及地壳里的种种变迁，也留下种种结果。（旨在说明种种地质现象背后对应着不同的地球变迁，这是有规律可循的。）变迁的情形现在虽不可见，而变迁的结果至少有一部分，幸而存在天然的博物馆中，记在天然的地质历史书中。如若前说的科学根本法则有效，我们应该可以准确推断现在因果相循之规律，按过去地面及地壳里所生长出种种结果的次序，追求过去地质现象继续的情形。如陵谷的变迁、海陆的转移、气候寒暑的更迭等事，都在能研究的范围以内。过去地面及地壳里所生出的种种结果是什么？那就是各样各层的岩石。这些岩石一层一层地倒在我们的脚下，正如那历史书一页一页地摆在我们的面前。

岩石可概分为三种：一曰递积岩（即沉积岩），亦曰水成岩。这种岩石是由粉细或块粒的物质一层一层地结合而成的。依其结构成分，定出种种名目，如石灰质的名叫石灰岩，与今日大洋里的停积物类似。泥质而能分成薄层的名叫页岩，由砂砾固结而成的名曰砂岩砾岩，这些与今日的浅海或浅水里的停积物相似。二曰凝结岩，亦名火成岩。这种岩石，大半都是由大小的晶片凑合而成的。与今日火山里喷出的岩流及冶炼炉中所出的渣子相类似，大概是极热的岩汁因冷却凝结而成的。三曰变形岩，前两种的岩石，有时一部分或全部变其原来的面目。如递积岩与火成岩相接的处所往往呈结晶之象；又如地球上有许多极古的岩石，其结构往往错杂不堪。时带条纹，仿佛是曾历大热或巨压。最有趣的就是那第一次岩石中，常有生物的遗痕、遗像或化石。地质学家统称这样的东西为化石(Fossile, Versteinerungen)。比方现在我们由巴黎这个地方挖下去，在接近表面的地层中所发现的化石，有许多种族还生存于今日的海中。愈到下面的地层中，奇形怪象的生物遗像愈多。与现今世界上生存的生物相似的愈少。据这种生物群变更的情形及地层构造的情形，地质学家把地壳的历史分作若干段。中国的历史中有三皇五帝、秦朝、汉朝、唐朝、明朝等时代的名目。地质历史中亦有许多时代的名目。这些名目之中有许多是全世界所公用的。现在我按着这些时代新古的次序，从上至下把它们的名目列举出来。

新生世 ─ 第四纪
　　　　 第三纪

中生世 ─ 枯烈纪
　　　　 侏罗纪
　　　　 三叠纪

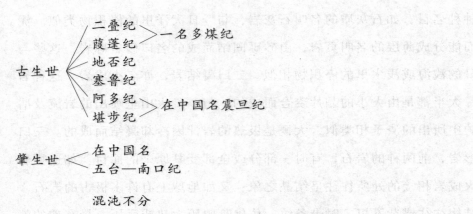

古生世
二叠纪
葭蓬纪 ——一名多煤纪
地否纪
塞鲁纪
阿多纪
堪步纪 ——在中国名震旦纪

肇生世 ——在中国名
五台—南口纪

混沌不分

（此处列举的时代名目与现在的叫法有所不同。世今译代，因此新生世、中生世、古生世分别今译为新生代、中生代、古生代。枯烈纪今译白垩纪。葭蓬纪，今译石炭纪。地否纪，今译泥盆纪。塞鲁纪，今译志留纪。阿多纪，今译奥陶纪。堪步纪，今译寒武纪。）

自肇生世以至今日，不知已经几万万年。自有地球以来，更不知经过了若干万万年。我们现在确实知道的有两件要紧的事：

第一是以前所列举的世纪都是很长很古的。就生物的变迁一端着想，我们就知道这句话是不错的。在堪步纪以前的岩层中，世界各地除北美几处外，迄今未曾发现确实无疑的化石。到了堪步纪的时候，各项海洋生物"忽然"繁殖。到塞鲁纪的末叶，最初的有脊动物——鱼类始行出现。在二叠纪的时候，鸟类乃生。在中生世两栖类颇盛。在第三纪哺乳类散布全球。那哺乳类中最进步的猴类头脑渐渐进化，到了第三纪的末叶第四纪的初期，真正的人类——属于Hominidae族才发生，在人类历史学家看来，古石期(Paléolithique)已经古不堪言。而在地质学家看来，人类初出现的那个时期，是最新最近的，如昨天一般。

第二是每一纪有一段岩层为之代表。由理想判断，那些岩层，层位愈下的所属的时代当然愈古。然则何以高山之巅，如中国的泰山、秦岭、南山，往往露极古的岩石？谈到这个问题，我们不能不考究地层的构造。诸位在山边海岸，想曾见过露出的地层。那些地层，多半不是皱了折了，就是断了裂了。平平整整如一本书一页一页排列下去的是很少的：因为这样的情形，所以在实地勘察地质有许多难处。

现在我们把以前所说的话再来通盘一想，既说是一处的地层，可分作几段，各段中所含的生物的遗像及各段岩层的性质，往往绝不相伦。然则这样的变迁是如何使然的？从前有一派学者说，这是因为过去的时代地面经了几次剧变(Cataelysmisme)，如洪水滔天之类，把当时的生物都扑灭了，好像中国每朝的末造，必定发生许多流贼杀人放火。自英国查尔斯·莱伊尔(C. Lyell)（19世纪英国著名的地质学家，地质学鼻祖，被誉为"现代地质学之父"，对渐变论的形成和确立做出了重要的贡献）唱匀和(Uniformitarisme)之说（即渐变论，地质学理论，认为地球表面的所有特征都是由难以觉察的、作用时间较长的自然过程形成的）以来，大多数的地质学者都认剧变之说欠妥。匀和之说较为得当。匀和之说：曰过去各时代的地质变迁，大都是渐渐的；并不是猝然的。过去地壳上变更的情形与现今我们所目睹的情形，无论就种类而论，或程度而论，大概没有许多不同的地方，这样的说法，有很多事实为之证明，但是也有一个限制的。比方肇生世的时候与现今比较，到底异同若何，实在是一个悬案，在肇生世以前更不待言。

地质学上的种种根本问题既已约略地点缀，现在可以上题说煤炭了。由岩石学上看来，煤炭是一种递积岩。因为它一层一层地夹在砂岩页岩或石灰岩之中，就其构造而论，与其余的递积岩并没有大分别，其造成的原料是由古代植物来的。（从岩石学的角度讲述了煤炭的结构与由来。）地球上各处的气候时时变更。各种植物每逢宜其生长的机会，它们就生长。气候愈适（如热湿等情况），生长愈盛且愈速。那些植物之中，自然有一部分还未到完全腐烂分解以前，被河流洗到湖沼海湾，埋没于泥沙之中。久而久之，全体炭化，成了我们今天所用的煤炭。有许多人以为煤炭在地下愈久，其质愈变纯净，这个观念是不对的。因为煤炭的成分大约是依原来的植物的种类为转移，比方烟煤永世不会变成无烟煤。照这样看来，我们敢断言两件事：第一是地下的煤炭绝不能生长，也绝不会变更。第二是煤炭的生成须特别的气候、特别的情形，并需极长的时期。即令现在有生煤的机会、生煤的地方，待煤成了的日子，不知人类已经变成了一种什么怪物。

在中国共有五个地质时代造了煤炭，最古的为"地否纪"。属于这个时代的煤层很少。据莫诺（意大利地质学家）说他曾在贵州西南方的兴义县Lan-mou-tehang附近见过。据我看来莫诺所获的化石，还不足以确定时代。所以他所说的地否纪煤层究竟是不是属地否纪还待考究。其次为多煤纪。这一纪前后所造的煤比其余各纪都多。世界各处的煤层也以这一纪所造的为最多。中国北方的煤炭除辽河流域的附近、山西大同、直隶斋堂（今北京市门头沟区斋堂镇）等地外，大都属于此纪。扬子江中游下游各省以及浙江、福建、广东各处所出的煤，一大部分是属于此纪的。再次为三叠纪。川东云贵所出的煤多属于此纪。再次为侏罗纪。属于此纪的煤层见于大同、斋堂、四川及扬子江中下游数处。最后的造煤时代为第三纪。第三纪的煤炭仅见于满洲及云南蒙自等处。东北那有名的抚顺煤矿，就是最好的一个代表。

中国各省的煤矿，迄今还没有完全地调查。我们现在所知道的大都是由外国的矿业杂志或外国人在中国的地质调查记里得来的。以下所说的中国煤矿分配的情形，未免近于东鳞西爪，七零八落。数年前中国地质调查所的丁文江氏已着手调查。我们希望丁君不久就要把他调查的结果详细地报告出来。(后有删节)

三、将来利用天然势力的机会

这个题目太大，绝不是一口气可以说完的。现代的科学还在幼稚时代，对于这个问题并没有一个落实的解决。所以我们在此所讨论的难免不是举一漏百。就所举的方法，究竟有多少价值，还是疑问。这也不必管它，因为我们今天的目的并不是求几个完全的解决。我们的目的，第一是要使大家知道这个问题有研究的必要，第二是有些什么路径可以研究下去。

地球上流行的天然势力，就我们现在所知道的，从其由来着想，可分作几项：（一）源于天体的运转者；（二）源于原子的爆裂者；（三）由太阳送来的势力。（分类别，将能量进行分类，便于下文介绍。）这三项之中，似以第三项为最关紧要。

先说第一项。地球每自转一周，海洋各处对于月球的地位，时时刻刻不同。每公转一周，对于太阳的地位，又时时刻刻不同。所以同一处的海水受日月的引力，时时不等，潮汐由是而生。但是月球距地球较太阳距地球近多了，引力的强弱是与两个物体相隔的距离的自乘（同数相乘）为反比例的。所以潮汐的起落，与各处对于月球之地位相关较著。一年之中，有时月球引力之方向与太阳引力之方向相同，那个时候，潮汐起落之差最大。春潮之所以发生，就是因为那个道理。关于潮汐的起落，有一件事往往为人所误解。那件事就是许多人都以为仅仅地球距月球最近的那一面的海水，被月球吸起所以潮汐上升。殊不知正与月球反对的那一面也有潮汐上升。这是什么道理？要追究这个道理，我们不能不追究引力的法则。大家都知道两个物体间引力的强弱是与两个物体的质量为正比例与其间之距离之自乘为反比例。

地球之各部分对于月球之地位不同，那就是两者之间距离不同。距离既不同，所以各部分所受之引力强弱不同。离月球愈远的部分，它所受的引力愈小。所以假若地球全体是水做成的，那地球受了月球的引力，必然变成一个椭球。那个椭球的长轴，必然与月球所在之方向大概一致。但地球的全体并不是水做成的。陆地虽受月球的引力，却是昂然不拔。而海水为液体，不得不应月球所在之方向，流来流去。所以潮汐之往来在海陆相接之地最著。

潮汐之流动，就是一种动势力（Kinetic Energy）（即动能）的发表。倘若在海峡、海滨用适当的方法，设相宜的机关，这种潮流的势力，未始不可收拾储蓄，供人类的役使。这个机会，是略有一点科学知识的人都知道的。但是还没有一个实行的计划。这种研究，自然应落在水力工程学及土木工程学的范围里。

再说第二项。化学家经过了许多的试验，证明一切物质是由分子集合而成的。每一个分子，是由一种或数种原子以一定的数目，依一定的配置相依而成的。寻常所谓化学的变化，都不影响于原子的构造。所以从化学上看来，原子可算得是不可复分的东西。但是近来物理化学家又发现了一种新物质以及与那种新物质相连的许多新现象。现今世界上的物理学家仿佛是以全力来攻这个新题目。我们应该知道一个大概。

诸位想必知道各种物质之中，有一种能传电，亦有一种不能传电。比方五金之类以及许多含盐类的液质都能传电。而玻璃、木料、寻常的干空气之类都不能传电。假使我们现在取一玻璃管（比方长1尺径1寸），那管的两端紧闭，空气不能自由出入。再嵌一金类之小板于管之一端内，又嵌一金类之导线于它端内。试使小板之端与高压电机（如感应电机之类）之阴极、其他端与阳极联络。管中必无何等现象可睹。如若设法将管中的空气抽去一大部分，使管中余剩的气极为稀薄，再将高压的电流联络于管的两端。那时候的情形便不同了。由阴极的小板发出一种紫色的"光线"。其前进之路与板面成直角。如有固体硬塞于那紫色光的路中，那固体就显种种的光彩，并发大热。有名的X光线，就是这个阴极发射出来的东西途中碰着白金板而反射出来的光线。由阴极发射出来的东西并且显机械的作用。譬如置极轻之叶轮于管中，那叶轮就要被它冲动而旋转，如水冲水车、风推风车一般。最值得注意的，那就是阴极发射线受磁力的影响。如若横置磁石于发射线之旁，那发射线就变弯了，与阴电流受了磁场的影响所生的结果相同。发射线又能透过极薄之铝叶，足见得它并不是光线。就前说的种种性质看来，我们不能不疑它是一点一点带阴电的物质，以极大的速率由阴极射出来的。这个情形倘若是真的，我们不难用一种方法，求出那种带阴电的物质的质量与其所带之电量之比以及其射出之速率等项。

诸位，我们所要讨论的问题是势力的问题。我方才为什么冤枉地说了一顿原子的构造。这里有点缘由，并非单是因为那发射的势力是由原子以内发泄出来的，所以原子构造的问题与我们的问题有关。实在是因为电子之说、无机物进化之说，近年来风动一世，我们中国的"旧派"对于一切新学说、新理想的态度就是屏诸四夷，不闻不问。而所谓治新学者，往往为好奇心所鼓动，抓着新东西就要说，听着新学说就相信，似乎未免近于率尔。所以我现在勉强说了几项紧要的事实，以示那极玄妙的电子说是由极寻常的事实推出来的，最要紧的还是事实。（反映了李四光教授严谨的治学态度。）那电子说成不成，还要待我们仔细地分析，什么为本，什么为末，万万不可弄错。

第三项可分作三个细目说：

（一）由太阳的热所生的动势力，河流与气流都是这种势力的表现。地面的水受太阳的热，变为水蒸气，气腾于空中，减其热度，变为雨雪，落在地面的高处，受地球的引力，不能停留，于是河流发生。所以地面各处的河流可视为天然热机的一部分。在中国河流甚激的地方，古代已有人建设水车，利用此项势力以灌溉田地，但利用之方未曾十分进步。在欧美利用水力之地也极多，以美国的Niagara（尼亚加拉）及挪威等处为最著名。近闻瑞士也有大举的利用水力转运电车的计划。中国高山大川不少，可设水力机关的地方必定很多。研究机械工程的人，正宜留心这个题目。

空气的压力随时随地不匀。高压的气当然常往低压的地方走，所以生风。（简单交代了风形成的原因。）气压变更的原因极其复杂。我们今天没有工夫讨论。我们应知道的，第一是使空气流动的势力是由太阳来的，第二是风的势力可用风车等项机器弄到人类的手里来。但是风力时有时无，时强时弱，那是在人工操纵的范围以外。

（二）直接由太阳送来的热势力。由太阳送至地球的光热，一部分为空气所吸收，增其热度；一部分直达于地面。〔现今在热带的地方，如开罗（Cairo）附近，已有热机，直接利用太阳传来的热。其法用一架甚大的凹镜先集收太阳传来的热力于一处（即凹镜之焦点），再用那集中的热力运转寻常的热机，如汽机之类。此项直接用太阳的热的热机，尚在极幼稚的时代，从机械工程学上看起来，还有许多研究的余地。〕

以上所说的各项势力，除第二项（即原子以内的势力）外，其流行也，或囿于地，或厄于时。欲其应人类随地随时之需，不能不想出各种方法来储蓄它，来收敛它，使它易于运搬，易于对付。我们现今已发明许多收敛、储蓄势力的方法。那些方法可分为两类：第一类根据物质电离电合之性。蓄电池就是这类的东西。（介绍蓄电方法的分类，并用常见的蓄电池举例，便于理解。）蓄电池中之物质，受外来电流之影响而生一种化学的变化。若撤去外来的电流，联络其两极，蓄电池就吐出电流，其中的物质渐变还原样。第二类根据热化学的原则。比方有两种物质化合而成第三种物质。倘若其化合时吸收若干热量，其分解成原来的两种物质时，亦必吐出相等的热量，以人工造燃料的原理就在这里。

[将来制造燃料的方法进步，或者与碳化钙相类的东西渐渐就要出现。那些东西，就可借太阳直接送来的热势力，或风势力，或水势力造出来。换言之，我们就可把那厄于时囿于地的自然势力抓在手里，随我们的意思去分配它。]❷

（三）缘生物所积收的热势力。寻常的动植物，大都是离了太阳的光热就不能生活。那畏阳光的生物，如许多微菌之类，也要借种种有机的物质才能生活。那些有机的物质，大概是由受阳光而生长的动植物里出来的。就是那深洋底的生物，虽直接受阳光的影响很少，但是我们没有凭据说它们的生活不间接受太阳的影响。地球上所有各种生物的生命，究竟与太阳里送来的势力有如何的关系，原来是一个很大的问题。现在姑且勿论。就我们日常的观察判断，太阳的光热与动植物的生命似乎有极密切的关系。所以我现在权且把缘生物所积收的热势力，也列在第三项势力的渊源里。

各种天然势力的储蓄物中，最先为人类所抓着的，不能不说是现代生存的各种植物。不分其种类，不分其成分，拿着就烧，那是利用这种势力储蓄物的最粗陋的方法。进一步，就是把植物的躯干变成木炭。木炭燃烧时所发出的热，自然是比等量的木材燃烧时所发出的热量较大而力较强。再进一步就是用破坏蒸馏法，由木材里分出种种有用的东西。木材的成分随其种类不同。还有许多有用的东西，我们现在不必计较。与我们现在的问题最有关系的就是木炭与酒精。大抵软质的木料多含胶质而少酒精，硬质的木料与之相反。

现今制造家蒸馏木材的目的，大半不在取木炭而在取其余的副产物，如酒精、醋质之类。

低洼之地，往往有腐烂的植物，如藓苔之属，与泥砂等质停积于一处而成泥炭。

湖沼之中往往有微生物。其体虽小而其生长繁殖异常之快。Diatomacae（硅藻科）等族是这类生物中最可注意的。由海底、河底、湖底挖起来的泥土中，有时含一种物质与煤油(Cholosterol,Phytosterol)相似。那种物质，或者是由前说的那一类微生物酝酿出来的。倘若生物化学家再详加考察，探悉那些生物生长的习惯，我们未始不可想出方法来培殖它们，用它们的体质做我们的燃料。

将来比较有希望的，就是直接由太阳送来的势力以及缘生物所积收的势力。在热带地方，当然可设许多凹镜集收太阳的热，用太阳的热就可制造种种燃料，如碳化钙（CaC_2）之类。但是这两宗办法也有许多难处。那太阳光线热线的强度，每日时时变更。因为这样的变更，供给的力量必不能匀，供给的力量不匀就不利于制造。偶有云雨，机器就要停止。这也是大不方便的一件事。况且镜面须大，造镜的材料，都是很贵的。说来说去，我们的希望还是落在生物身上，但是也不能不分别孰轻孰重，泥炭一年减少一年。水中的微生物到底能不能为我们造出极多的燃料是一个问题。将来的答案难免不是一个否字。世界上人口日增，食料渐渐地困难，用五谷之类制造燃料，恐怕会成问题。那么，最终的就是木材一项，世界上旷野之地充其量来培植森林，用尽科学的方法，将木材变为最经济的燃料。如造成酒精之类。到底能否代煤炭以供人类的需求，这个问题虽难解决，但是从木材生长的速率着想，我们很难抱乐观的态度。然则人类的繁华到了难以得到煤炭的时候，将要渐渐地凋零吗？抑或在煤炭犹未用尽以前人类生活的状态，已经根本地变更了？

名师赏析 / MINGSHI SHANGXI

李四光在这次演讲中主要讲述了炭（能源）对现代繁华（现代工业）的重要作用，同时介绍了我国丰富的煤矿资源，并提到了新能源及其开发问题。李四光以此来激励留法勤工俭学的同学们，早日为祖国的繁荣兴盛做出贡献，也反映了李四光当时想回国以开发能源来富国、强国的热切愿望。

●延伸思考

1.物质文明与精神文明有着怎样的区别？

2.煤炭是如何形成的？

大地构造与石油沉积

自从苏联古布金（苏联石油地质学家，著有《石油论》）院士把石油地质科学发展成为一个专门科学之后，我们对于石油地质的研究，就高度专业化了。我在这方面很少研究，今天我的发言，只能够从一般地质构造观点提出一些有关问题，希望这些问题的提出，对我们石油勘探远景计划，有些帮助。

大家知道，我对大地构造是有些特殊的看法，因此我要求专家和同志们给我一些耐心。

现在在提具体问题以前，我先提出两点，这两点对我们石油勘探工作的方向，是有比较重要的关系。

第一，是沉积条件；第二，是构造条件。这两点当然不是彼此孤立的，而是相互联系的。为了方便起见，我把这两点分开来谈。

大家知道，对于石油生成的沉积条件，最重要的是需要一个比较长时期，同时不是太深也不是太浅的地槽区域，便于继续进行沉积和便于转变为石油的机会。因为需要不太深也不太浅的条件，所以我们要找大地槽的边缘地带和比较深的大陆盆地。对这些地域的周围，同时还要求比较适当的气候——适当的温度和湿度，以便利有机物的生长。这种气候的存在和动植物的生长，是可以从有机物质在岩层中，如化石的多少，表现出来的；如由煤、油页岩等表示出来，就是说从岩层中所含的有机物的多少，可以看出沉积的情况。以上是关于第一点的概略说明。

其次构造条件方面，应该从三方面考虑：即（1）大型构造，如盆地、台地、地槽；（2）中型构造，如断层、节理、片理、小的断层和结构面等；（3）更小的构造，如颗粒的排列方式，孔隙存在的情况，包括用光学和其他适当的方法来检定岩石颗粒排列的方向——这是属于岩组学的领域，从这一方面得出的结果，往往对阐明流质在岩层中运动的方向有很大的帮助。这三方面的研究，是不应该孤立的，而是应该相辅而行的。

名师赏析 / MINGSHI SHANGXI

本文原载于1955年第16期《石油地质》。在20世纪50年代，李四光教授运用地质力学理论指导了全国石油地质普查的战略选区工作。1954年2月，他在为石油管理总局所做的题为《从大地构造看我国石油资源勘探的远景》的报告中，明确提出在新华夏系凹陷带找油的意见。本文选自该报告的"引言"部分，主要介绍了石油的形成条件。在他的指导下，我国相继找到大庆、胜利等大油田。新中国油气勘探的长期实践证明，这种战略性的指导是正确的。

● 好词好句

远景　彼此孤立　相辅而行

● 延伸思考

1.石油是如何沉积而形成的？

2.石油生成的构造条件是什么？

地史的纪元

听说去年觉里教授（J. Joly）（爱尔兰地质学家、物理学家、工程师，也是发明家）在牛津大学讲第二十七次波义耳（即罗伯特·波义耳，英国化学家）讲演（Robert Boyle Lecture）时，又提起地球年龄的问题。觉氏对于这个问题素有研究，并曾出专书讨论（如Radioactivity and Geology）。此次讲演，想必更有新发明，可惜我们不能当场领教，而且连他的讲稿亦不曾看过。[直到现在，我们在今年（这里指1926年）4月出版的《自然》（Nature）（英国著名杂志，是世界上最早的科学期刊之一，也是全世界最权威及最有名望的学术期刊之一。首版于1869年11月4日）上，看见霍尔姆斯（Arthur Holmes）（即阿瑟·霍尔姆斯，英国地质学家）对于他批评的文字，才知道这个半生半死的问题，在西方近来又复活起来了。]

头一件事令我们注意的，就是觉里此次提出讨论的题目。从前关于这一类的讨论，一般科学家所用的题目，都是"地球的年龄"。觉氏此次不说地球的年龄，而说"地史学上地球的年龄"。这种命题，的确可以免去一般人的误解。历史学家从事实上不能不把人类的历史分为有史以前和有史以后两段；地史学家似乎也应该把有地史（指有地史的遗迹而言）以前和有地史以后的时期分为两段。在前一段时期中，地球经过何等的变化，经过若干年代，依我们现在的知识看来，谁也不敢断言。

地球究竟是如何产生的，还是一个悬案，怎样能大言不惭地去说地球的年龄。

地球前半的历史，固然现在还是一笔糊涂账。但是自从海陆划分以来，至少地面上的变更，确实有许多遗迹可考。这个海陆划分的时期，可算是地史发端的时期。觉里所说地史学上地球的年龄，也就是从这个时期起算。

［前已说过，我们是未曾读过觉氏的论文的人。我们当然不敢妄发议论，批评觉氏的长短。］❷ 但是霍尔姆斯也曾著了一本专书，讨论地球经过的年代。他在《自然》上对于觉里教授的批评，对与不对，我们虽然不便加以严格的判断，但是他所发表的意见，的确可以供我们参考。

［在介绍霍氏的意见以前，待我先把关于计算地球年龄的几种重要方法略述一次：］❸

（一）根据地球的热状。在各种方法之中，恐怕要算这种方法最老，汤姆逊(Kelvin)（即威廉·汤姆逊，开尔文勋爵，英国物理学家）氏首先提出。汤氏假定地球最初为一团热汁。这团热汁，渐渐冷却，必定发生对流(Convection)现象，使中心与表面的温度大致相等。迨到全体凝结成了固体，它的温度才能下降。历时愈久，表面与中心的温度相差愈大。

名师导读／MINGSHI DAODU

❶ 长久以来，有关地球年龄的争论从未停止过。正是人类这种追本溯源的求知欲，促进了科学的发展。

❷ 作者未曾读过觉里教授关于地球年龄的论文，因此没有妄加议论，由此可以看出他对待科学的严谨态度。

❸ 总起下文，作者将在下面集中讲述地球年龄的计算方法。

换一句话说，地球自从凝结成了固体以后，它全体便不能保持平均的温度；愈到内部愈热，愈近外面愈冷。在一定的时期、一定的地点，温度的变更率(temperature gradient)，传热物质的密度、比热（即物质的比热容，指一定质量的某种物质在温度升高时吸收的热量与它的质量和升高的温度乘积之比）及其传热率有一定的关系。那种关系，可以用傅里叶（Fourier）（法国数学家、物理学家）的方程式表明。现在地球表面上温度的变更率，各种岩石的平均密度、比热以及传热率，都能实地的测验。所以只要知道地球当凝结时的温度，我们应该可以算出造成现今温度变更率所要的年代。汤姆逊假定地球当凝结时的温度为7000华氏度（温度的一种度量单位，华氏度=摄氏度×1.8+32），即3871摄氏度，算出的结果，得地球的年龄96兆岁。汤氏正在那里自鸣得意，忽然翻出一群地史学上的事实，证明他的地球未免年纪太轻了！

这种方法的缺点是显而易见的。不用讲我们不能假定地球的过去，有一个时期全体固结，全体温度平均。就是现在除了极肤浅的壳子以外，我们并不敢断定它是什么物质造成，呈什么状态。况且有许多放射元素——至少在地壳中——不断地供给热量。假若放射元素在地中分配的情形，与在地面相似，据计算的结果，地球的温度，不独不能减少，还应增加。对于汤姆逊的大作，我们似乎不必再客气了。（用逆推法否定了第一种地球年龄的算法。）

（二）根据地层的总厚。这种方法，也是很老的。它的原则，极为简单。我们都知道地面的岩石，有一部分是由泥土砂砾固结而成。那些泥土砂砾之所以发生，大半是因为已成的岩石受了风雨的摧残，经过河流的输送，而停积在湖海里的。在停积的当时，虽是杂乱无章的泥沙，而历时甚久，就变为层层垒叠的岩石。自海陆划分的时期以至今日，陆地受风雨的剥削，不或停止。所以水里的停积物，也是层复一层，不断地增加。现在假如知道地球上停积岩层的总厚，又知道每年停积的厚度若干，用后者除前者，应该得出地球自海陆划分以来的年数。

这个方法，在理论上再简单没有。可是在事实上，则大谬不然。（一言否定根据地层的总厚计算地球年龄的方法，引起读者好奇，为下文做铺垫。）因为关于除数和被除数的调查或计算，都是大费工夫。那些难处，我们不必一一从理论上讨论，单看下表中所列各家计算结果相差若是之远，就够了。

调查人	岩层总厚	每停积一英尺厚所要的年数	年龄
赫胥黎	100000英尺	1000	100兆
豪顿	177200英尺	8616	1526兆
拉巴朗	150000英尺	600	90兆
格基	100000英尺	730~6800	73兆~680兆
索拉士	256000英尺	100	25.6兆

即令将来我们得着极详细的调查，我们有什么方法断定现今的停积率与过去的平均停积率成如何的比例？然则这第二种方法也不可靠。（用地质事实否定第二种地球年龄的算法。）

（三）根据海中的钠量。溶在海水中的盐质，种类虽多，只有钠（Na）质，有蓄积于海中的趋势。其余各种盐质，终久必被排去。假若知道现在海中溶钠的总量若干，又知道现今每年由河流输送到海里的钠量若干；如若每年加入的钠量千古不变，我们立刻就能算出自从世界上有海洋以来到今日所历的年代。据默里（Murray）（加拿大海洋学家，海洋学奠基人之一）的调查，世界上海水平均的密度为1.026。又据卡斯滕（Karsten）（德国海洋学家）的调查，海洋全体的容积为307,496,000立方英里。所以海洋全体的质量为$1,178,270 \times 10^{12}$吨。钠质在海水中，平均占1.08%（据Dittmax）。所以现在海中的总钠量应为$12,600 \times 10^{12}$吨。每年由河流送入海洋的钠量世界总计有156,000,000吨。从这两个数目，得海洋的年龄约80.8兆年。

如此计算，在算术上虽然没有误差，但是事实上还有许多困难。关于海洋中钠质的总数，以上所说的几项调查，还算精密，大约与实数相去不甚远。至若关于海洋中每年增加的钠量，调查计算，都不容易。前说的数目，乃是从分析世界上各大河流排泄物所得结果。［据精密的考查，河流中所含的钠，有一部分是从海里吹来的；那种吹来送去的钠质，当然不应列入每年增加的量中。我们还要知道，在过去各地质时代，有一部分的钠质，时而和泥沙混在一道，加入岩石里面；时而与岩石同时受侵蚀作用，转入海洋。转来转去，成循环的状况。最后还有一层绝大的疑问，那就是：当海洋初成的时候，海水中是否已经有若干钠质，无从断定。凡此等等，都足以表明实际上计算的困难。］❶

（四）［根据含放射元素的矿物中铀与氦或铅的比率。在种种测算地球年龄的方法中，要算这个方法最新、最漂亮，也可说是最靠得住。我们在实验室中，已经得了十二分的证据，证明铀(U)、钍(Th)等质，放射了阿尔法质点后，即变为它种放射元素。那新发生的放射元素，又放射阿尔法质点，又变为它种元素。如此递变不已，最后变成铅质。每一种放射元素，都有一定的生存期限。由一定的分量减到一半所要的时间，普通名曰半生期（即半衰期）。各种放射元素的半生期，都是一定的。对于温度、压力、化合的状态等绝对没有关系。放射出来的阿尔法质点，都是荷电的质点。它失掉了电性，就成了氦气。所以凡属含铀、钍等质的矿物，其中必有若干氦和铅存在，据精细的测验，每一钱

（重量单位，1钱等于5克）铀质，每年可发生 1.22×10^{-10} 钱的铅。因为这种变化进行极慢，所以铅的产生率可视为一个恒数。

假如现在有一块含铀的矿物，我们知道它所属的地质时代，我们只要测出那块矿物中铀与铅的比率，再用 1.22×10^{-10} 除之，就可以知道从那个地质时代到现在的年数。

这种计算的方法，在理论上似乎极为圆满。但是事实上也有不容易解释的地方。比如根据同一地方、同一时代的各种矿物计算，所得的结果往往不等，而从含铀矿物所得的结果，往往高于从含钍矿物所得的结果。] ❷ 觉里教授举出一个例来说：锡兰（斯里兰卡的旧称）有一种黑铀矿(Pitehblende)及一种钍矿(Thorite)，同产于一地，但是从铀铅的比率计算，得512兆年；而从钍铅的比率计算，只有130兆年。

现在我们再来看看觉里的结论和霍尔姆斯的批评。觉里的结论，仿佛是注重某种含钍矿物中的钍与铅之比，而以海洋的咸度（即钠量）为佐证。他主张自玄古时代(Arhaean)到现今，大概在160兆至240兆年之间。

霍氏对于觉里所选择的材料，根本地不甚满意。他说钍中的铅，容易溶解。所以觉氏所

名师导读 / MINGSHI DAODU

❶ 通过海中的钠量来计算地球年龄，虽然从计算方法上讲没有问题，但因为没有确切的钠含量数字做支撑，所以在操作上存在实际的困难。因此，第三种方法难以实现。

❷ 1906年，英国物理学家卢瑟福提出利用放射性同位素测定地球年龄的方法，真正解决了测定地球年龄的工具问题。作者在此对这种方法存疑，是因为当时的科研条件有限，新的学说尚需要时间去验证。

用的钍矿，其中必有一部分铅已经消失，因此所得的年数过小。铀矿中的铅比较地难于溶解，所以自初次产生以来，应该都蓄积在矿中。觉里不用铀矿而用钍矿，的确有点不妥。就是钍矿中也有年龄超过400兆者，更足以帮助霍氏的意见。至若海洋的咸度，关系复杂，前已说过，殊不足引为佐证。若仔细地思量，恐怕向来从海洋咸度所弄出来的年龄，只有失之太少，或失之太多。

关于研究地球的年龄，觉里教授总算是一位前辈。但是他去年在牛津大学所发表的新结果，我们不敢完全赞成。霍氏的辩证，似乎都有相当的道理。将来关于放射元素测验的方法，假若更加精密，恐怕计算的结果，只有数目增大，不会减少。在现今的知识程度之下，我们无妨认定自从玄古时代到今日的年数，与中华民国的人口数——那就是400兆——大致相等。

名师赏析 / MINGSHI SHANGXI

本文刊于1926年《现代评论》第4卷第94期，主要介绍了四种推断地球年龄的方法。虽然各家的方法都不是很准确，却为人们寻找新计算方法提供了思路和依据，推动了地质科学不断发展。

● 好词好句 ………………………………………………

自鸣得意　杂乱无章　大谬不然

● 延伸思考 ………………………………………………

1.关于计算地球的年龄，作者列出了哪几种重要方法？

2.霍尔姆斯为什么质疑觉里的研究？

3.李四光教授对霍尔姆斯的看法持什么态度？

中国北部之蝬科（即纺锤虫）

绪 言

此篇之作，已历四春秋乃迟至今日，始能公诸于世者，一则以资料广布全国，搜集匪易。再则以制造薄片，须准一定之方位，排置至为困难。况于学校授课之余，勉事研究，为时已无几矣。迩者虽积岁月之工作，得薄片两千余幅，种类四十有奇。而衡以亿万其徒，当时栖息于海底者，则亦泰山之与毫末耳，其不足以尽种类之别，勿待言也。

蝬（已经灭绝的单细胞生物，属于原生动物有孔虫的一种，一般多为纺锤形。蝬类生活在距今3.5亿年前到2.25亿年前的石炭纪和二叠纪，在二叠纪末期全部灭绝）之躯壳至微，虽千万成群，埋没于岩石之中，往往不易发见。而数年来中国地质调查所竟能搜集大宗资料，且无一不详加标记，层序井然，足征奔走于野外者，勤敏如何。倘此篇略有贡献之可言，其功不在著者，而实在野外调查诸君也。海外同道，亦莫不纷纷赞助，乐观此篇之成。如瑞典力克士博物馆，及乌普萨拉大学之维曼教授，慨然以该国学者数十年来在北冰洋一带所获之材料，悉赠予著者，作比较研究之资。俄国地质调查所及莫斯科大学之帕布洛夫教授，亦以优美之标本相赠。美国之亚勃林夫人及勃兰玛夫人，举其在中美及美国极西南部，历年亲身搜集之材料，强半予余。凡此等等，皆与著者以莫大之助力。特志数语，以表感谢之忱。（开篇绪言中对野外调查人员和国外科学家们的帮助致谢，表现了李四光教授谦虚的治学作风。）

一、构造及分类

本篇所论列者，大都为低级之蟆。其构造上之要素，计有数端。（1）胎房；（2）旋房；（3）旋壁；（4）前壁；（5）口隙；（6）口环。胎房多成球状，亦有成椭球状，或其他不规则之形状者。旋房以胎房为起点。节节伸展，作螺旋式。其两端常尖而中部扩大。状如蟆，故定名为蟆。旋壁之组织，最复杂者分为四层。其极内及极外两层，厚薄不匀，质疏色暗，名曰壁盖。中间二层之在外者，坚而薄，几不透光，名曰隔膜。其在内而与壁盖紧接者，名蜂巢层。常透明，厚薄亦匀，成蜂巢之状。中有无数小孔，与隔膜垂直。小孔有时较粗，以显微镜窥之，显然可睹。亦有时极细了无痕迹可寻。前壁之构造，间有与旋壁相同者。然大多数则模糊不可考证。前壁有平正者，有褶皱者。口隙成新月或半月形，位于前壁之中部。其为原生质出入之孔道，毫无可疑。口之两旁，有物隆起，一若防原生质之溃散者然，是名口环。

依此等构造，中国北部所产之蟆科，迄今已发现者，可分三族（Genus），及若干亚族如次。

（1）Boultonia

（2）Fusulinella
$\begin{cases} \text{Staffella} \\ \text{Neofusulinella} \end{cases}$

（3）Fusulina
$\begin{cases} \text{Girtyina} \\ \text{Schellwienia} \\ \text{Schwagerina} \end{cases}$

Boultonia一族，初发见于中国。迄今只得二种。其体极微，最长者不过二厘有半。普通之长度，不过一厘左右耳。此族之特色，除其体壳纤微而外，尚有二段之发育。其内部各旋之旋转轴，常与外部各旋之旋转轴异向。且其内部各旋短而粗，形状近于扁球。而外部各旋，则中部隆起，两端尖细，其状似蠖。旋壁之构造不易辨识，大约由隔膜及蜂巢层两者而成。旋壁略形褶皱。口隙及口环在外部各旋中，颇为显著。

Fusulinella体壳亦不甚大。壁之构造，四层皆备。前壁平直，蜂巢层之蜂巢构造，往往不易辨识。口环甚为发育。此族可分为两亚族，旋轴之长小于旋径或与旋径相等者，属Staffella。成蠖状者，属Neofusulinella。

Fusulina一族，或成蠖形，或成筒形，间亦有状如扁球者。此族最为繁殖，可分为三亚族。（1）Girtyina。旋壁亦分四层，唯外壁盖极薄。蜂巢层之蜂巢结构，多不清晰。前壁褶皱甚多，口环颇为发育。（2）Schellwienia。旋壁大抵由隔膜及蜂巢层二者组成。蜂巢层之蜂巢状构造，极为显著。内部一二旋，间有带壁盖者。然以绝无壁盖者居多。前壁常带褶皱，但依种类不同，褶皱有疏密之别。口环时有时无。（3）Schwagerina。常成球状，体格颇大，普通与苜蓿相等。蠖壳旋转之数颇多。旋转之展开极速。旋壁之构造与Schellwienia相同。前壁或平直，或略形褶皱。口环甚小。仅见于内部各旋。

二、分布及层位

含蠖之石灰岩，在中国北部分布甚广。层次亦多。每层有厚不及一公尺者，有二三公尺者，间亦有厚至十余公尺者。砂岩页岩及煤层夹杂于其间。足证低级蠖科繁殖之地，乃浅海，非大洋也。通中国北方各省，除直隶西北部而外，凡有古生时代煤系之处，几无一不夹含 石灰岩。主要煤层之地位，往往可依特种含蠖石灰岩之层位而预为测定。即此一端，可知纯粹古生物学上之研究，与矿业之发展，关系何等密切。吾国之从事矿业者，谅早已见及于此，无待赘言。（阐明含蠖石灰岩与煤层的密切关系，反映出研究䗴科对矿业发展的重要意义。）**兹将本篇中各项材料出产之地点及岩层，逐一列举如次，以供一览。**（承上启下，过渡自然合理，同时体现出严谨和细致。）

1.奉天

（1）本溪湖煤田。据赵亚曾君之调查，此地计有三层含䗴石灰岩。最上一层名本溪石灰岩，厚5.5公尺。中层名小峪石灰岩，厚1.8公尺。下层名蚂蚁石灰岩，分二小层，有黄色砂质页岩间于其间。总厚约6公尺。煤层皆在此等石灰岩层之上。

（2）烟台煤田。层序不明。

（3）五湖嘴煤田。据赵亚曾及小泽仪明二君之调查，此处之含䗴石灰岩，有七八层之多。厚薄不等。最上一二薄层，赵君称为杨树沟石灰岩。中部之石灰岩层，由数层叠积而成，多含䗴石。其上部渐变为页岩，总厚6.4公尺。统称为五湖嘴石灰岩。下部石灰岩计有三四单层。其中最厚者，达8公尺。名三岭石灰岩。主要煤层，在五湖嘴石灰岩以上。

2.察哈尔

（4）张家口北约200公里之处。有含䗴石灰岩一层露出。

3.直隶

（5）唐山煤田。据马幼君之报告，唐山煤田中，只有含䗴石灰岩一层。名唐山石灰岩。厚一二公尺。在大煤之下约80公尺。

（6）临城煤田。据王竹泉、赵亚曾、田琦瑀三君之调查，及其他报告，本煤田中之含䗴石灰岩，至少有四层。在上者名北村石灰岩。厚1.2公尺。其下者名后沟村石灰岩，厚2.8公尺。再下者名祁村石灰岩，厚4.6公尺。最下者似由数薄层积合而成。兹定名曰临城石灰岩。主要之煤层在祁村石灰岩以下。

（7）沙河煤田。含蟶石灰岩至少有三层。上二层各厚约1.3公尺。最下者厚三四公尺。煤层散布于此等石灰岩及其他砂岩页岩之间。大煤（俗名底界）在下层石灰岩下十一二公尺之处。

（8）磁县煤田。由磁县之彭城迤南，至河南之六河沟煤田一带，含煤系之地层，大致相同。赵亚曾君曾作详细之报告。此带地域之含蟶石灰岩共有五层。最下者名大青石灰岩，厚五六公尺。其上者为小青石灰岩。再上者为复青石灰岩。再上者为山青石灰岩。再上者为野青石灰岩。此等岩层之厚，除复青有时达三四公尺而外，余皆不过一公尺左右。常有薄煤层散布于其间。大煤远在野青石灰岩以上。

4.河南

（9）六河沟煤田。含蟶石灰岩之层次及其与大煤之关系，与磁县煤田相同。

（10）新安县城北60里。安特生君在此曾采集若干种化石，属于蟶科。此处似只有含蟶石灰岩一层，大约与大青相当。

（11）陕县鸭子嘴沟。含蟶石灰岩至少有一层。

5.山东

（12）章邱煤田。含蟶石灰岩之层数颇多，最下者名徐家庄石灰岩。主要煤层在含蟶石灰岩之以上。

（13）博山煤田。含蟶石灰岩至少有两层。

（14）峄县煤田。含蟶石灰岩层数未详。大煤在石灰岩以上。

6.山西

（15）大同煤田。有含蟶石灰岩一层名口泉石灰岩。在石炭纪之大煤以下。其层位恰与唐山石灰岩相当。

（16）平定煤田。含蟶石灰岩共六层。最上者名猴石，厚2公尺。其下为钱石，厚1.5公尺。再下为固石，厚3公尺。再下为四节石，厚1.8公尺。再下为腰固石，厚不及1公尺。最下为平定石灰岩，厚未详。固石四节石腰固石相距甚近，几可视为一层。大煤厚5公尺有余。在腰固石下约15公尺之处。

（17）太原西山。据那林君之调查，太原西山一带之含蜓石灰岩共有五层。其最下者分数单层，间以砂岩页岩，统名畔沟石灰岩。各单层均甚薄。其上者为庙口石灰岩，厚5公尺至12公尺不等。再上为毛儿沟石灰岩，厚4公尺至8公尺。再上为斜道石灰岩，厚二三公尺。最高者为东大窑石灰岩。此等石灰岩之露头，以月门沟、东大窑、斜道一带，最为清晰。主要之煤层，在东大窑石灰岩以上。

（18）太原东山。据那林君之调查，太原东山之煤系，亦夹有五层石灰岩。其最高者名关底沟石灰岩，厚约4公尺。其下者名石齐凹沟石灰岩，厚约3公尺。再下为关门沟石灰岩。厚1公尺至3公尺。再下为南窑沟石灰岩，厚2公尺至8公尺。最下为涧道沟石灰岩，厚1公尺至3公尺。

（19）山西南部。袁复礼君在山西翼城、介休、临汾等地，得蜓若干种。据云煤系中只见含蜓石灰岩一层。其发育之情形似与河南之西北部相类似。

（20）保德煤田。据王竹泉君之调查，此处含蜓石灰岩共有三层。上层名保德石灰岩，厚约10公尺。中层名巴篓沟石灰岩。下层名张家沟石灰岩。大煤在保德石灰岩与巴篓沟石灰岩之间。

7.甘肃

（21）红山窑（永昌县西50里）。据袁复礼君之报告，此处煤系中之石灰岩，多至六七层。然只见其中一层含有蜓科。

（22）羊虎沟（红山窑西三四十里）。岩层未详。

（23）新河（山丹县西40里）。据袁复礼君之调查，含蟳石灰岩共有两层。本篇所载之标本，皆来自上层。

（24）窑沟（高台县南60里）。含蟳石灰岩只有一层。

前述各处之含蟳石灰岩。就其中所含之蟳种而论，可分为两系。在上者称为太原系。居下者称为本溪系。（逐一列举材料来源之后，又对它们进行分类归纳，条理清晰，说明严谨。）本溪湖煤田之含蟳石灰岩，皆属于本溪系。烟台之煤系至少有一部分属之。五湖嘴煤系之下部亦属之。其他如距张家口北200公里之含蟳石灰岩，唐山石灰岩，章邱煤田之徐家庄石灰岩，山西之口泉石灰岩，平定石灰岩，畔沟石灰岩，巴篓沟及张家沟石灰岩，甘肃之羊虎沟石灰岩，皆属于本溪系，其他列举之各石灰岩，则皆属太原系。

本溪系之石灰岩中只有Staffella、Neofusulinella、Girtyina三亚族之蟳而绝无Schellwienia、Schwagerina。太原系石灰岩中之蟳，适得其反。两者境界判然。一若有间断存乎其间。本溪系中之生物，与俄国莫斯科系相同者甚多。故其所属之年代，当为中石炭纪。而太原系中之蟳，则有为东亚之特产者，有与欧俄、北冰洋、东阿尔魄士（即东阿尔卑斯），及中亚诸地所产者一致，间亦杂有印度盐岭之特种，其属于上石炭纪，似无可疑。数年前，资料不足，著者颇疑中国北部之蟳科，与北美之产品有相类似者。兹积本国之材料甚夥，复得亚勃林及勃兰玛二夫人之赠品。反复研究之余，始谂知当时意见之谬。夫此等动物，仅能生存于浅海之底，前已言之。今发见于太平洋东西两岸者，绝无直接交通之痕迹，是亦大洋永久存在之一证欤。

凡经著者所研究之材料，现皆陈列于北京大学地质陈列馆。并一一附以记号，以便就正于同道。

名师赏析 / MINGSHI SHANGXI

　　本文节选自《中国北部之䗴科》，原载《中国古生物志》（乙种）第4号，第1册，1927年。本文对纺锤虫进行了详细介绍，并就它所分布的岩层在国内的分布进行了详细说明。为了探求石炭纪的地层层序问题和煤层层序问题，李四光教授对生存在石炭纪的䗴（化石）做了大量系统的鉴定、研究。他不仅从实际工作中创建了对䗴的鉴定准则和方法，而且以它指导地层的划分与对比，同时建立了䗴的许多新种属。他有关䗴的研究，著述甚丰，其中就有《中国北部之䗴科》专著。由于对䗴研究的贡献，李四光教授于1927年被伯明翰大学授予自然科学博士学位，闻名于国际地质学界。

● 好词好句

公诸于世　毫末　层序井然　勤敏　陈列

● 延伸思考

1.纺锤虫是一种怎样的生物？

2.纺锤虫分为哪几类？

地质力学发展的过程和当前的任务

今天，我想同第三期地质力学进修班的同志们漫谈两个问题：第一个问题是地质力学发展的过程；第二个问题是地质力学当前的任务和它面临的问题。（开门见山，直接点题，概括了文章的主要内容。）

一、地质力学发展的过程

为什么要讲地质力学发展的过程呢？因为一切事物，都有它自己的发展过程。我们不能割断历史来看问题。我们讲地质力学发展的过程，就是为了总结正面的和反面的经验，找出今后工作的方向。（回顾历史，总结经验，明确发展方向，此法不但在学术研究中适用，在我们平时学习，乃至国家发展中也同样适用。）

我们所说的地质力学，大致可以说是经过两个阶段发展起来的：

第一个阶段是从1921年研究中国北部石炭二叠纪沉积物开始的。中国北部是一个丰富的产煤地区，那些主要的煤层与石炭二叠纪的地层有密切的联系。这些石炭二叠纪的地层，当时统称为太原系。紧接着它上面的山西系，其中一部分，后来称为"石盒子系"，是与主要的含煤地层有关。太原系，主要是由陆相地层构成的，其中夹有若干薄煤层，还夹有若干海相地层。

关于太原系的时代问题，有过长期争论。最初，有些人，例如在中

97

国前后搞了三十多年地质工作的德国人李希霍芬（即费迪南·冯·李希霍芬，德国地质学家，近代中国地学研究先行者之一）把太原系以下相当厚的石灰岩建造，用西北欧典型地区例如英国的标准来硬套，称为煤炭石灰岩，意味着这些石灰岩和英国的早石炭世石灰岩相当。现在大家都知道，实际上这些石灰岩是属于奥陶纪的。所以，这些石灰岩以上的太原系，就被认为是石炭纪的沉积物。葛利普（德裔美国地质学家、古生物学家、地层学家）起初也认为太原系是早石炭世的建造。

在太原系中，当时发现的化石并不多。后来，在许多地点出露的太原系海相地层中，找到了丰富的微体古生物群，特别是蜓科；在其中的陆相地层中，例如在"唐山煤系"中，也找到一些植物化石。因此，关于太原系时代问题的争论，就更加纷乱。有的人认为是属于晚石炭世的，有的甚至认为是属于早二叠世的，诸如此类。（蜓科是生活在二叠纪和石炭纪的古生物，故有此推测。）

到1924年，从莫斯科盆地中典型的中石炭世地区，取得了大量的蜓科标本和若干腕足类标本。经过详细的比较和鉴定，证明了莫斯科系中的海相生物群和太原系下部海相地层中所含的生物群，有密切的联系。根据这一发现，我们就把太原系分为上下两段：下一段称为本溪系，划归中石炭世；上一段仍然称为太原系。这个发现，对北美石炭纪地层的划分，产生了相当重大的影响。因为在那里也和在西北欧一样，很久以来，石炭纪地层的划分，仅仅分为上下两部分建造。从此以后，在全世界范围内，至少可以说在北半球范围内，关于中石炭世海相地层的存在，逐步发现了更多的证据，也逐步被人们接受了。

在中国南部，晚古生代地层发育的情况，和北部很不相同。在南部，石炭纪和二叠纪的地层，海相占优势，这些海相地层的划分和年代的鉴定，也曾发生过相当激烈的争论。在那些石灰岩中所含的蟆科化石，对解决上述争论，起了很重要的作用。因为我们在中国南部的所谓黄龙灰岩、壶天灰岩等厚度颇大、岩质颇纯的海相地层中，发现了大量的蟆科化石，经过鉴定和比较，确定了这些海相地层，和中国北部的本溪系海相陆相交错的地层相当。同时，又在中国南部的所谓栖霞灰岩、船山灰岩、马平灰岩等厚度相当大、分布相当广泛的海相地层中，也发现了大量的蟆科化石，这些化石的某些种属，与中国北部狭义的太原系中所含的蟆科化石相同。这就证明了，中国南部这些占主要地位的晚石炭世和一部分石炭—二叠纪过渡的海相地层，与中国北部以陆相为主夹有若干海相地层的太原系，是同时代的产物。

那么，就发生了这样一个问题：当时海侵海退的现象，为什么有这样南北的差异？这个问题，牵涉到大陆局部升降运动和海面全面的升降运动以及在低纬度和高纬度地区存在着海面差异运动等可能性。问题是复杂的，很难一举得到解决。不过，经过对地球上其他地区，当时的海侵海退现象做了初步的比较，特别是对古生代以后大陆上海水进退规程的初步探索，就得到了一种假说。这就是：大陆上海水的进退，不完全像有名的奥地利地质学家苏士所提的那样，即海面的运动，或升或降，是具有全球性的，而是可能还有由赤道向两极又反过来由两极向赤道的方向性的运动。这个假说，又引起了一个问题，为什么海洋会发生这样具有方向性的运动？当时初步设想，这可能是由于地球自转速度在漫长的地质时代中反复发生了时快时慢的变化。这种设想，有没有点正确性，当然还存在着很多问题，不过，它对地质力学工作的开端，起了相当重要的启发作用。它的作用，在于提出了这样一个问题：即大陆运动，包括区域性的构造运动，是不是也会受到这种地球自转速度变化的影响呢？如果是的，如果构成大陆的岩石，受到了长期地应力活动的作用，它具有一定刚性和塑性的话，那么，当大陆和海洋发生南北向的方向性运动以后，在大陆上，也应该留下相应的痕迹。人们有时说，地质力学不管沉积，这是不符合事实的。

在20世纪20年代，关于大陆运动起源的问题，各个学派，甚至每个放眼世界的地质工作者，都提出了自己的看法。在这里不可能一一介绍，下面只能扼要地谈一下具有代表性的两大派意见：

传统学派，主张地球在它长期存在的过程中，由于逐渐失热或其他原因而收缩，以致海洋部分，特别是太平洋部分，显著地发生了沉降；而在大陆部分，总的趋向，也是朝着地心下降，但在局部地区，也可能发生相对的上升下降运动，因之发生了褶皱现象和各种断裂现象。这一派的看法，是以垂直运动为主的，局部的水平运动是由于垂直运动而引起的次生运动。

另一学派，是主张以水平运动为主的。他们在认识了均衡现象的基础上，认为主要由硅铝层构成的大陆，是浮在由硅镁层构成的基底上面；并且认为大陆能够在它的基底上面和由硅镁层构成的海底上面，发生水平的滑动；还认为大陆的各部分，也能够发生大规模的相对水平位移。

大陆在地球表层中，究竟能不能够像冰山在海洋中那样，自由地漂来漂去，是个问题。即使主张大陆是可以漂流的人们，要说到大陆究竟怎样漂流，各家各派，都有自己的看法。归纳起来，主要可以分为三派：

人们最注意的一派，是以魏格纳（即阿尔弗雷德·魏格纳，德国气象学家、地球物理学家，被称为"大陆漂流说之父"）大陆起源说为代表。实际上，在魏格纳以前，早已有人提出大陆漂流说。不过，魏格纳的提法，比较全面，也比较系统，并且提出了比较多的证据来支持他的说法。其中显得比较突出的证据是：（1）在某些地质时代，地球表面上古气候带的巨大变化；（2）大西洋东西海岸线形状的相符性；（3）南北美大陆和欧非大陆上，特别是南美大陆和非洲大陆上，某些古生物群的密切联系；（4）南美洲和南非洲某些建造特点的相似性；（5）晚古生代南半球大陆，包括印度半岛在内的"冈瓦纳大陆"上冰川流动的方向，等等，都广泛地引起了人们的注意。

另一派，也和魏格纳大陆漂流说近似，其不同之点在于：这一派科学家提出了关于硅铝层岩石放射性作用和大陆表面形状的关系问题。他们摘取了构成硅铝层若干类型的岩石，来代表构成硅铝层的岩层，再根据那些有代表性的岩石的放射性矿物的含量，推算了硅铝层中，由于放射物质的自然爆裂，每年所产生的热量。据他们的意见，这个热量，有一部分在地球的表层以下存积起来。经过这样的考虑，科学家估计每2500万～3000万年内，大陆下部的岩层，例如玄武岩之类，就会被熔解。在大陆下部熔解了的状态下，由于月球的影响而产生的潮汐，就起了拖移大陆的作用。于是，大陆就搬家了，向海洋方向搬走；原来大陆的基底，就出露了，并且逐渐冷却了。这样，就形成一次大规模的地壳运动。至此，地壳大运动的一次轮回也就告终，新轮回从此开始。

还有一派，认为地球内部不断发生对流，轻的物质向上，较重的物质向下，其结果，在某些地带把大陆拖开，使它们分裂，海洋从而侵入。在分裂的那一方面，大陆的海岸留下张裂的痕迹，例如北美海岸以至内陆和西欧海岸以至内陆，就遗留着由于这种拖动而被拉断了的古生代山脉。在另一方面，大陆碰到了海底较重和较硬的硅镁层的抵抗，而发生大规模的挤压现象。由于这种挤压，就形成了大型的地槽以及由地槽转变过来的雄巍山脉。南北美洲大陆西岸的科迪勒拉地槽和安第斯、科迪勒拉等巨大山脉，就是这样形成的。这种看法的后一部分——即南北美大陆的东部和欧非大陆分裂；南北美大陆的西部向太平洋方面推挤。这和上述两派的看法，基本上是相同的。

各式各样的大陆漂流说曾轰动一时，但在所谓正统学派的顽强抗拒下，逐渐搁浅了。近年来，由于古地磁工作的开展，又有活跃的趋势。

（总结上文，引起下文。）

在各个学派纷争的影响下，1926年，《地球表面形象变迁的主因》一文被提出来了。这篇文章，在批判了一些传统学派的同时，根据大陆上大规模运动的方向，推论了那些运动起源于地球自转速度的变化，提出了"大陆车阀"自动控制地球自转速度的作用。这一套理论，不是没有一点实践的基础，但是，这样立论，大体上说，也和其他各派的学说一样，在方法论上存在着很大的缺点。主要的缺点在于：用的资料不够广泛、不够细致、不够落实，而是片面地抓住一些事实，或者若干现象，参考一些第二手资料，就急急忙忙地提出大的理论来。实际上，这些所谓理论，是很低级的，也是很粗糙的。它们所依靠的证据，往往可以这样解释，也可以那样解释，不够严格，也不够严密。这是一个很深刻的教训，同时也积累了一些粗略而不是没有益的经验，特别是让我们对大块大陆运动的方向性有所认识。这是地质力学发展过程中的第一个阶段。

地质力学发展过程的第二阶段，不是从结束了第一阶段才开始的，而是在第一阶段的后期，已经开始了一些零星的工作。那些工作，主要是针对区域性构造现象之间的相互关系。必须说明，这里所说的构造现象，是指大型、小型、单式、复式的褶皱和各种断裂而言。这些形变现象，是当地地壳运动的陈迹，是实实在在的东西。所以，要了解当地所经过的地壳运动的程式，就必须对它们各自的本质、形成的过程和它们彼此之间可能存在的联系有所认识。这样来看问题，就和在第一阶段中，只注重大块大陆的运动，根本有所不同了。（在实践中发现证据，用事实说话，第二阶段的研究成果更具权威性。）

　　对构造现象本质的探索，是从认识一些个别的和特殊的现象开始的。起初，见到乌拉尔那样褶皱强烈的山脉，在东西两面的广大平原之间突起，好像一条长蛇，南北蜿蜒，这不能不说是欧亚大陆中一个突出的奇异现象。为什么有这样一条山脉？光说它是由一个南北向地槽在回返阶段中转变而成的，这只是把问题向后推了一步，并不能满意地回答，为什么在欧亚大陆之间，曾经存在着那样一个地槽。大家知道，乌拉尔主要是在晚古生代经过一次巨大的构造运动而形成的一条山脉，很难设想，它是孤立的。实际上，在它的东西两面的广大平原——所谓俄罗斯地台和西伯利亚地台以南，还存在着相当复杂的一套弧形山脉：西边从高加索以西，东边到阿尔泰山系，都是属于被这套弧形山脉所穿插的地带。当时知道，这些弧形山脉之中，有些是大致和乌拉尔同时产生的。虽然它们之间的距离相隔很远，走向也不同，但它们之间是不是有生成的联系呢？这个具体问题的提出，实际上，是认识山字型构造（扭动构造体系的一种特殊的构造型式，主要由弧形褶皱带或挤压带，以及在弧形构造带凹侧的中间部分出现的直线形褶皱带或挤压带共同组合而成，因其与中文的"山"字相像，故名）的开端，也是认识构造体系的萌芽。光靠当时所掌握的事实，当然还不能做出任何结论。这里谈这些经过，主要的目的，不在于这个设想正确不正确，而是想揭露当时如何冒着很大的危险，打开一条思路，到实践中去，认真地检验，这种构造型式或构造体系的概念，究竟行不行得通。

1928年前后，在南京、镇江一带，初次发现了宁镇山脉这个大致东西向的弧形构造。它的弧顶位于镇江一带，向北凸出。在它的南面相当辽阔的平原中，出现一条茅山山脉。这条山脉的伸展方向，是大致南北的，它和宁镇山脉一起形成了一个构造体系。［这个构造体系的特点，基本上和乌拉尔山脉及其以南的复杂的弧形山系所形成的构造体系相符合，不过具体而微，方位相反罢了。］❶ 到这时候，对山字型构造体系的认识，就进了一步，但还不够落实，还需要扩大范围，在野外进行大量的观测工作，看看是否在我国境内还存在这种类型的构造体系。当时为了方便工作，暂把这个构造体系的南北向的组成部分，称为山字型构造的脊柱，它前面的弧形构造带，称为前弧。

宁镇山脉—茅山这个山字型构造和横跨欧亚大陆的那个山字型构造，不仅是规模相差很大，前弧凸出的方向相反，而且还有许多不同之点。［这里就引起了一个问题：宁镇山脉—茅山山字型构造究竟是自成一个独特体系，还是另一个构造体系的组成部分？只有通过更广泛的实践，才能解决这个问题。］❷

同年，在广西台地（那时不叫地台）东南西三面也发现了由复式褶皱构成的弧形山脉体系。它的弧顶位于宾阳县城东南，东翼以镇龙山—瑶山大背斜为主体，经贵县、武宣、象县与修仁等县，再走荔浦、灌阳，抵达零陵与道县之间的紫荆山地块；西翼以大明山背斜为主体，经上林、隆山、都安等县，继之循都阳山背斜，往西北进入贵州境内。当时设想，这可能是一个山字型构造的前弧。［当年参加工作的同事们，满以为在柳州附近应该见到它的南北向脊柱，但是，事实不是这样。经过半年以后，这些同事们在广西北部工作，才发现了古老变质岩层构成南北延长的强烈褶皱带，确定了构成广西山字型体系的脊柱。］❸

此外，还发现了淮阳山脉也是一个弧形构造。它的弧顶位于湖北黄梅、广济之间。它的北面就是一般称为淮阳地盾（指古陆核或地台中有大面积基底岩石出露的地区，地盾通常具有平缓的凸面，且被有盖层的地台所环绕，它长期稳定隆起，遭受剥蚀，没有盖层，或只在局部坳陷中有薄的盖层沉积）的地区。地盾的概念，阻挡了淮阳弧可能是一个山字型构造前弧的设想，也阻挡了我们认识宁镇山脉和淮阳弧的联系。在此，从地盾、地台等观点来分析地质构造，和从构造体系观点来分析地质构造，就发生了严重的分歧。淮阳山字型构造问题，直到新中国成立以后，才算得到了解决。

在20世纪20年代的末期，除肯定了几个山字型构造的存在以外，还发现了其他一些不同类型的构造体系。对这些不同类型构造体系的认识，模拟试验，起了一定的作用。就当时所认识的构造类型和它们分布的范围、规律以及它们在地壳运动问题上的含义，在1929年做了一次总结。［这个总结，概括了不同类型构造的特殊本质，明确了构造体系的概念，测定了和每一类型构造体系有关地区的构造运动的方向和方式，推断了大陆和海洋运动的主因。这样，就为地质力学初步打下了基础。］❹

名师导读/MINGSHI DAODU

❶ 在不同地点出现的构造相似的山脉，为系统研究提供了可能条件。

❷ 一个对照组的发现只是为下一步地质工作提出问题和假设，想要研究透彻，并构成系统学说，要有大量实际例证的支持，需要"更广泛的实践"。

❸ 在科学研究中，有时实际情况和预想出入很大，突出了实地勘察对地质工作的重要性。

❹ 总结科研成果，系统化研究其规律，是一项非常重要的工作，此种方法也可以运用在我们平时的学习中。

　　20世纪30年代到40年代初期，是地质力学在上述基础上有所进展的时期，也是以构造体系这个概念为指导，继续地向着尚未研究过的或者尚未深入地研究过的各种具体的构造类型进行研究，找出它们各自独特的本质，修改、补充和丰富构造体系这个概念的时期。在这个时期，地质力学才开始走上自己的道路。在地质学的领域中，逐步扩大了自己活动的范围，在越来越多的地区，发现了许多构造体系的定型性、定位性、定时性和在同一地区它们之间互相交错、部分重叠的关系，亦即复合的关系。

　　在企图进一步摸清那些构造体系特点的过程中，发现了东西构造带明显地与其他构造体系有所不同。因为它们的规模是宏伟的，结构是复杂的，并且看来它们都反复经过强烈的构造运动，影响地壳的深部。关于其他一些构造体系，在我国境内，当时显得最突出的，有华夏系和新华夏系构造。前者走向东北—西南，后者走向北北东—南南西，包括大幅度的挠曲和小型雁行排列的多字型褶皱或断裂。此外，还有规模不等的山字型构造，它们的特点在于：前弧一般向南凸出。这些不同类型的构造体系，往往显示它们对矿产分布的控制作用。例如在东西带中，有时出现某些重型矿体；在新华夏系的拗褶地带，具有沉积某种矿产资源的条件；某些煤田分布的范围也往往受山字型构造的控制；等等。

　　到了这个阶段，地质力学已经不能停留在光是描述构造体系的特点上了，上述的那些构造类型都要求它对它们的起源，提出合理的解释。例如多字型构造显然反映力偶的作用；山字型构造通过模拟实验和初步理论的分析，它的特征可以和平板梁在水平面上受到弯曲而发生的形变相比拟；诸如此类。其他类型的构造型式也都要求说明，在有关的地块中，地应力活动的方式。这就提出了一系列有关岩石力学性质的问题。

根据野外的观测，岩层和岩块在受到地应力的作用下，有时表现弹性的反应，有时也表现程度不等的塑性反应。究竟是什么条件决定了同样的岩体显示这种不同的反应呢？在这里，地质力学就不得不进入弹性和非弹性力学的领域。这样，又进一步引起了一系列复杂的理论问题。要解决这些问题，很清楚，需要从事实验工作，也需要从实验中所获得的资料和实际的构造现象结合起来，从事岩石在自然界的力学性质和应力场的分析。（理清思路，同时明确了地质力学的工作方向。）

明确了上述地质力学工作的方向以后，在40年代的初期，地质力学这个名称才被正式提出来了。

1956年在地质部成立了地质力学研究室，1960年又改为地质力学研究所。从此，地质力学的研究工作，引起了广大地质工作者的注意，并且获得了迅速的发展。特别是近几年来，地质力学研究工作在同生产实践相结合、为生产服务的过程中，不但解决了不少生产实际问题，为社会主义建设做出了一些贡献，同时，在实践的过程中，又获得了大量的资料，证明了初步建立起来的构造体系这个地质力学的基本概念，是完全正确的；并且进一步把构造体系这个概念，落实到三大构造类型，即东西向构造带、南北向构造带和各种扭动构造型式以及每一类型共同的构造形态特征和它们独特的构造型式。现在看来，地质力学的领域是辽阔的，土地是肥沃的，大有开发的远景。

二、地质力学当前的任务和它面临的问题

从上面所谈的经过来看，地质力学可以说是在我国土地上生长起来的一门科学。在国外也有一些和它近似的学科名称，例如构造物理学、土力学、岩石力学、地力学（也可以译为地质力学）等，可是我们的地

质力学和它们根本有所不同。<u>我们应该树立雄心壮志，刻苦钻研，在我们的地质事业中，在地质科学中，让它不断地做出自己的贡献。</u>（语气诚挚，对地质工作者提出思想态度方面的要求。）

地质力学当前的任务是艰巨的，牵涉的问题是复杂的。<u>这些问题，有的在它现今的水平上，只要我们推广运用，就可以解决；有的还需要经过长期的钻研探索，才能希望得到解决。</u>（概述当前地质力学的研究任务，总起下文。）总起来，可以归纳为三条：

（一）加强构造体系的调查研究，为指导找矿和解决某些水文工程地质问题提供依据。

构造体系这个概念是怎样得来的呢？从上面所谈的经过看来，它不是由凭空设想得来的，而是总结各种构造类型，特别是扭动构造型式的规律性和普遍性而产生的。构造体系是个抽象的概念，这一种或那一种类型的构造体系和一个一个具有独特形态的构造型式，才是具体的东西。没有那些客观存在的东西，构造体系的概念是无根据的，是主观臆造的，是不能成立的。

对一个构造类型的认识，总要有一段实践的过程，就是说，要依靠不断总结广泛而又细致的野外工作。认识总是有个程度问题，正确的认识往往不是一举成功的。不但一个新型构造类型的发现，往往免不掉要走些弯路，连确定了属于一个既知型式的构造类型，有时也要通过反复实践，才能确确实实地认清它的主要特点，即使认清了它的主要特点，那也不等于说彻底地认识了它，完完全全掌握了它的一切特点。

各种类型构造体系的规律性，往往为我们野外工作，提供很大的方便。最大的方便，是你如若见到了一个属于某一类型构造体系的某一部分的特点，你就可以预见在某些地区或地带会有一定形式的构造现象——有时称为构造形迹出现。这种预见性，不但对我们野外工作起指导作用，同时对验证那种构造类型的存在，也具有重要的意义。预见不是百发百中的。经验告诉我们，有时我们根据一个构造体系某一部分的构造特征，就预言在某些地区会有某些构造现象出现，等到了那些指定的地区去寻找那些预见的构造现象，它们却不见了，或者根本就不存在。在这种情况下，我们不用怪预见不灵，规律不对，而要怪我们过早地根据某些局部构造现象，对全部构造体系做了结论。这是失败的教训。通过这样的教训，我们更能够了解为什么要通过实践、认识、再实践的过程，才能达到比较正确的认识，才能最后鉴定某一个构造体系的类型。

是不是根据局部构造现象所做出的关于构造体系的错误判断，全是徒劳无益的呢？不是的。它是第一阶段认识过程的初步总结，它不一定正确，但它可能指引我们朝着认识一个新型构造体系的方向前进。只有通过实践，我们的眼界扩大了，我们的经验也丰富了，我们无须为此而感到悲观失望。

一个构造体系的建立，不能草率行事。根据几群构造单元组合体的共同特点和它们的排列方位等，可以试图建立一个独特的构造体系，但这只能作为认识一个独特的构造体系的第一阶段。在这第一阶段认识的基础上，还需要通过更广泛的实践，才能把一个构造体系确定下来。举个例子：在西北地区存在一些多字型构造，它们曾经被总称为河西系，多少与中国东部普遍发育的新华夏系成对称的形势。这个河西系，究竟能不能成立，还需要做大量的工作。

鉴定一个新型的构造类型，要求就更加严格了。几十年来，特别是新中国成立以来，由于地质工作者的共同努力，我们累积了一些经验，

名师导读/MINGSHI DAODU

❶ 点明构造类型与地壳运动的密切关系，说明研究构造类型的必要性和重要性，同时反映出科学家严谨、认真的工作态度。

❷ 举例子，说明地质力学对建设、生产和科学防震方面有贡献。

❸ 打比方，强调了野外观测的重要性。另外，把野外工作比作"汪洋大海"，从中我们不难看出野外地质工作的繁重复杂，反映了地质工作者工作的艰辛。

基本上肯定了若干重要类型构造体系的普遍存在。但是对它们的认识，并非处处达到了严格的要求。还需要对各个类型的组成成分和组合形式等特点，做更详尽的调查研究。如扭性断裂和张性断裂，在野外怎样有把握地区别开来，还需要找出可靠的标准；还需要解决在同一地区发育的每一对扭断裂的配套和转弯问题；还需要在全国范围内，乃至全球范围内，明确那些既知类型的构造体系，在不同地区和不同地质时代的分布情况以及它们之间的复合关系；还需要注意寻找新的、独特的构造类型，诸如此类问题还多，即使在现在的水平上，还需要做大量的工作。

　　[为什么要这样严格、这样广泛、这样深入地去追求构造类型的特点、发生和发育的时代以及它们之间的复合关系呢？有两条主要的理由：（1）它们最确实可靠地反映地壳运动的规程；（2）它们在许多场合指明找矿和解决某些重大水文工程地质问题的方向。] ❶ 例如在一个构造体系中，断裂系统的分布规律和它们各个组成成分的封闭性或张裂性，对解决矿体勘探设计、煤矿坑道设计、储油构造的详查和开发以及其他与水文工程有关的地质问题，往往具有决定性的意义。第一条在另外一些地方

谈过一些，以后如有机会再谈。第二条是联系生产实践的问题。人们不禁要问，地质力学对解决生产问题，究竟有什么用处？我想，最好是让实际工作来回答这个问题。［江西908队在这一方面的工作做得很出色。近两年来，他们运用了构造体系分析的方法，结合实际情况，终于发现了一条比较合适的道路，找到了许多矿点，并且在某些点找到盲矿体，探明了可观的储量。贵州某处，在新华夏系构造带中，S型和帚状断裂转弯处，发现了十多条富集的汞矿带。吉林某地找金矿未能完成年度任务，后来据说"运用了地质力学方法"，仅在一处，就找到了纯黄金十余吨。青海共和县东南龙羊峡地区的构造型式分析，对建设一个大型水库，提供了基建设计必需的资料。广东新丰江地震问题，几年来，把摸清当地断裂系统的工作和微量位移以及地应力测量和地震仪观测工作结合起来，对当地地震的起因和规律，发现了一些苗头。］❷现在我们在这点经验的基础上，向内地又投入了大批力量，开展了地震地质工作，为内地基建工作开辟道路。所有这些艰难的工作，都有我们进修班的同志参加，他们和其他同志一道，为完成国家给予的生产任务，贡献出自己的力量，并且还在继续做出贡献，这是使我们感到十分兴奋的。

（二）结合有关专业，多方面进行探索，扩大和巩固地质力学的基础。

上面提出的任务，主要涉及野外工作。我们要从实际出发，这是对的。［野外是一个汪洋大海，野外层出不穷的现象，归根到底，是我们向大自然做斗争的对象，那里充满着我们认识自然的泉源。］❸可是，从我们的工作方法来看，野外观测毕竟只是工作方法的一个重要方面，我们还需要使用各种手段，运用近代科学技术中可以使用得上的各种方法，来解决实际问题和理论问题。

"应力矿物"（有些变质矿物除了需要一定的温度和压力条件外，

必须在有应力参加下才能形成，如十字石、蓝晶石、硬绿泥石等，称为应力矿物）的研究，是一种与地质力学有关的专业。这一方面的研究，与变质岩带的研究很接近，但研究的方法和目的不完全相同。如何把应力矿物的研究和结构面性质的鉴定工作联系起来，是不是有些变质岩带或构造岩带也形成定型的构造型式，值得做进一步的探索。

"绝对"年龄鉴定（指通过对岩石中放射性同位素含量的测定，根据其衰变规律而计算出该岩石的年龄），作为一个专业，已经广泛地被承认了。在地质力学工作中，为什么也要搞"绝对"年龄鉴定，却不是尽人皆知的。我们搞"绝对"年龄鉴定的主要目的，在于确定一个构造体系组成部分之间的成生联系。在某些地区，一个构造体系的许多组成部分，往往穿插到时代大不相同的岩层、岩体中。在那种情况下，你怎么知道它们属于同一体系？例如对于一个山字型构造的前弧和脊柱的认识，经常遭遇着这种困难。如若用来做鉴定年龄的矿物标本，选择得当，问题是不难解决的。

岩组分析，对于岩块内部某些矿物组合条理的辨识，是长久以来行之有效的方法。那种条理，除了由沉积和热影响所产生的以外，都是过去应力活动在岩石中留下来的陈迹。这正是地质力学所追求的东西。如何在适当的地点，适当地选择标本，来帮助构造体系的分析，还需要下一番功夫。

模拟实验，虽然不能称为一种专业，但从事这种实验，需要一定的经验，在技术和艺术方面，也有一定的要求。有些人过于轻视它，甚至菲薄它，也有些人过于倚重它，这两种看待都不切合实际。当然，很容易理解，从模拟实验中所得到的东西，例如一种构造型式，和自然界的东西不是等同的。可是，经验告诉我们，从一块泥巴、一块柏油或者甚至浓度很大的乳胶等物质，经受了一定的应力作用而产生的形变，或者从一块塑料在应力作用下，它的光弹性所反映的变化，在我们认识许多构造型式或构造运动的过程中，确实起了相当重要的启发和辅助作用。在这里需要强调一下，我们从来不把构造型式的鉴定，落实在模型上，而是要求落实在岩块或地块中出现的构造体系上。如若把模拟实验和应力场的分析工作结合起来，就更有意义了。

岩石试验，是了解岩石的力学性质，并且取得数据的手段。目前，我们还无法对广大的地区，用各种方式加力，像模拟实验那样，来进行综合性的实验。但是，我们可以用人为的方法，模拟岩石在自然界中存在的条件，对岩石试件加力，来检验它在结构上发生的变化。这种选择适当的岩石试件，在不同温度、不同围压的条件下，从事实验的工作，已经行之已久，而且就若干类型的岩石试件，取得了一些数据，例如有关它们屈服强度、破坏强度、弹性形变的限度、非弹性形变的程度、应力作用对它的电阻和传波速率的变化、浸透在岩石试件中的各种液质（如水或原油）对它的强度的影响、传热率和温差梯度在应力作用下的改变等，在不同程度上，反映了岩石的力学性质。但是，必须指出，试件毕竟是试件，试件对应力的反应，与自然界存在的岩石对应力的反应，不一定是等同的。怎样把实验室中从试件得到的数据，搬到自然界中去应用，是个相当复杂的问题。这个问题，直到现在，还没有完全解决。

岩层中的流变现象（指岩石的蠕变、应力松弛、与时间有关的扩容，以及强度的时间效应等），很明显，是岩石在地应力场中非弹性的表现。一般地质工作者，对这种现象的认识，没有问题，或者很少问题。问题在于在什么条件下，自然界的岩石发生了流变。很容易理解，高温和高压是促使岩石发生流变的重要因素。但在某种情况下，如在小型冰川的底下，温度肯定不高，压力也很可能不超过某些砾石的屈服强度，可是那里的岩石，也往往呈现流变的现象。这就迫使我们考虑到，应力，哪怕微弱的应力，在它对岩石长期作用的过程中，时间可能是导致流变发生的主要因素。这是一种揣测，也有人做了一些蠕变的实验，证明了在一定的范围以内，各种材料，包括岩石，蠕变是千真万确的事实，不过各种物质的蠕变限度不等，就岩石来说，初期的蠕变——有人称为一时的蠕变——是比较显著的，它有一定的限度，至于长期的蠕变，无限度的蠕变，究竟怎样？我们现在还没有掌握实验的资料，这一方面的实验工作，还有待发展，困难有待于克服。

　　古地磁（指人类史前和史期的地磁场。各地质时代的岩石常有一定的磁性，指示其生成时期的磁极方向）的工作，在国外，绝大部分是利用某一地质时代的岩层或岩体的磁性南北向与现今当地地理上南北向的差异，来推断大陆作为一个整块转移的方向；也有时利用岩层中古地磁方向的转变，来验证有关岩层的对比。这些方法是可以使用的。但是，既然认定整块大陆的转动和移动，可以由岩石磁性反映出来，那么，又怎么可以忽视，在一个地区，在扭动构造体系发生以前，各个岩带的地磁方位，在扭动以后，会发生转变的可能呢？正是这种可能性，是地质力学需要寻找的标志。地磁的变化，是极为复杂的现象，片面地利用某种关系，就对大陆块或其中一部分的运动做出结论，是不保险的。

　　大陆运动和海洋运动，是应该在地壳运动问题中相提并论的两个方面，也是不可分割的两个方面。但是，这两个方面的问题，从现象论来说，是各不相同的。因此，首先需要采取不同的方法来分别处理，然后再把分别处理的结果联系起来，找出这两种运动在实质上的统一性。

对处理海洋运动问题来说，我们可以采取两种不同的方法：一种方法是对海底的地貌进行考察。例如在广阔的太平洋中，已经发现了许多被割切而形成的平顶火山堆，名叫盖约特，它们的平顶今天沉没在海面以下700～2000米不等。在太平洋的沿岸，尤其是在太平洋西岸一带，也就是亚洲大陆东部边缘的海中，曾经发现了许多古河床，它们今天沉没在海面以下540～720米、1300～1500米、2000米以上的不同深度。另一种方法是对大陆上各个地质时代海侵海退的范围和规程进行调查研究。这种调查研究工作，主要依靠古生物学方面提供化石分带的资料。化石分带的问题，也就是地层分带的问题。根据过去的经验，这方面的问题是比较容易引起争论而不容易得到大家一致的结论的。

但是，在我们的国家里，有条件进行这方面的工作，并很有可能得出不可动摇的结论。例如在华南地区，晚古生代时期，有过相当广泛的海水进退运动，同时也有过强烈的构造运动。我们需要特别注意一场强烈地壳运动前后所产生的海相地层，并进行详尽的分带工作，才能证实当时的海侵海退现象究竟是否和地球上其他低纬度地区海侵海退的现象相符合，是否显示一定的规律性。华南石炭纪和二叠纪地层，对开展这一方面的工作，看来是可以考虑的对象。

关于大陆运动是否具有相应的规律性的问题，我们可以从构造体系排列的方位出发，再根据岩石力学性质、构造应力场的分析以及构造位移的测定，我们就能够比较正确地得出关于大陆上区域性运动乃至大陆整块运动的主要规律。根据已经获得的事实，这条规律是：大陆整块的运动和区域性或局部性的构造运动，一般都具有向西和向赤道方面推动的方向性，各种型式的扭动构造体系，也可以归纳到这两个方向的运动，它们是在不同的地区、不同的环境下所产生的变种。（用诠释的方法阐述大陆上区域性或整块运动的规律。）

如果通过更广泛的实践，进一步加深了我们对于东西向（纬向）构造带、南北向（经向）构造带和各种扭动构造型式等三大类型构造体系的方向性的认识，你就很难否定，大陆运动和区域性的构造运动与地球自转轴在方位上的联系。这种联系，不是偶然的，而是必然的。推动这些运动的主力是从哪里来的？对这个问题，还存在着意见的分歧。地质力学认为，巨大的而又集中的和一些分散的纬向、经向构造带以及大批山字型构造，都明确地显示，产生这些构造体系的动力，起源于地球自转速度的变化。关于这一点，以前已经反复有所论述，在此无须多谈。

海洋运动，对地球自转速度的变化，无疑，更为敏感。在地球自转速度加快时，全球的海面，应该相应变得更扁，就是说，两极方面，海面下降，低纬度方面，海面上升。这种海面分异运动，可能持续到大陆运动和区域性构造运动将要达到高峰的阶段。到大陆运动和区域性构造运动达到了高峰的时候和在此以后，由于大陆整块滑动而发生了"刹车"的作用，以致一部分能量消失，它的角速度就不能不变小，因此，全球海面的扁度，也就不能不相应地变小。就是说，这时候两极方面的海面相对上升，低纬度方面，海面相应下降。当然，由于大陆上区域性的升降运动而产生的局部海侵海退现象，不在此例。这种海洋运动与大陆运动和构造运动的关系，应该对上述构造运动起源论，提出有效的验证。

为什么地球自转速度会发生变化？在这个问题上，人们的意见分歧，就更多也更大了。但是，地球自转速度可能发生变化这点，各学派都很难否认。（地球自转速度会发生变化是公认的现象，而怎样解释这种现象却众说纷纭。下面作者将从地质学角度来解释该现象。）

大家知道，地球是个尚待开发的巨大热库，它的表层地温梯度平均每百米3℃上下，实际上，有些地方比这个数字大得多，有些地方比较小。是什么原因使局部地温发生异常呢？在此简单地谈一下。局部岩体的传热系数、局部构造的特征、局部地应力的活动、局部岩层中所含的可燃性物质的影响、深部温度较高的水和气局部上升，对周围岩石的影响，等等，都值得根据实际情况进行探索，有可能在生产实践方面加以利用。因此，我们地质力学工作者，不应该忽视局部地热异常的问题。

不管局部地热异常的原因是什么，总起来看，谁都不能否认，越到地球深部温度就越高。存在于太空中的这样一个热体，就不可避免地要失掉它的热能。但是，我们知道，地球表层岩石中含有大量放射性元素，在硅铝层中，钾、钍、铀之类，尤其普遍。因此，有些人认为，地球的体温，不是在下降，而是在上升；它的体积，不是在缩小，而是在胀大。这种看法，对地球自转速度变化的推论有很重要的关系。由于我们对地球中所含放射性物质的总量，甚至连对它们在地壳表层分布规律的无知，所以光从放射性物质发热的论点，我们很难断定地球究竟是在长期收缩的过程中，一次又一次经过膨胀的阶段，还是一直不断地在收缩呢？或者相反。

如若你根据上述传统的看法，主张地球冷缩说，那么，它的体积缩小，质量必然更集中，惯性动量必然减少，自转速度就必然加快；如若你主张海洋部分陷落，也会发生同样的后果；如若你主张地球内部物质不断发生分异运动，也会发生同样的后果；如若你相信地球内部发生对流，那么，当轻重不等的物质自下而上和自上而下对流的时候，它的惯性动量也不可避免地要发生变化，因而它的自转速度，也不能不发生变化；即使你主张地球膨胀说，那么，胀大了的地球惯性动量不能不加大，它的自转速度就不能不变小。这是考虑地球内部可能发生的变动，对它自转速度的影响。

还有作为一个行星的地球，它的运动，也显然不能脱离外界的影响。对它影响最显著的是离它最近的月球。大家知道，通过潮汐作用，月球只能使地球的自转速度变慢，而不能使它变快。虽然这种使它自转变慢的影响不大，但如若在地球长期存在的过程中，它继续不断地变慢，没有其他因素使它变快，它是不是会接近于停止自转？至少，在地质时代，从它的表面构造形态的变化规律、动植物群的生活状态以及冰期反复出现等事实，还找不着它的自转速度一直变慢的征象。

斯托瓦斯（苏联地质学家）所搜集的大量资料表明，第四纪以来，除了个别地区以外，极圈的海面下降、近赤道地区海面上升。这样广泛的海洋分异运动，不像是由于局部地区升降而产生的结果，而是反映了我们现在正处在地球自转速度变快的时期。月球现在正在缓慢地离开地球，这也显示地球自转速度在加快。有人认为月球是从太平洋方面飞出去的，甚至说是白垩纪时代飞出去的。这种说法，未免走到极端，看来是不符合事实的。有史以来，地球各处陆续发生了极为强烈的地震，也说明许多构造体系，还继续处在活动的状态，因此，地应力测量、地震地质的工作，特别具有重要意义。

（三）争取广大的野外地质工作者就地检验地质力学的某些概念和工作方法，并加以改进。

地质力学是一门边缘科学，它的一条腿站在地质学方面，另一条腿站在力学方面。（用形象化的语言说明地质力学的特点，引人入胜。）反映地壳运动的一切现象，是它考察和研究的对象。由于地壳运动而产生的一切现象，包括构造体系的规律、海洋运动的陈迹等，是实际的东西，从地质力学整体来看，关于这些东西的知识，是它主要的内容。按照认识运动的过程来看，我们必须把那些对于客观存在的感性知识，在主观方面加工、精炼出理性的知识。这就需要力学出来帮助，否则地质力学只能停留在描述现象的阶段，而很难揭穿那些现象发生的内在因素。这两条腿在地质力学的领域中，各自所占的范围，虽然有大有小，但它们之间的联系是密切的。大家知道，理论是实践的总结，它又转过来指导实践。我们用力学方法来搞点理论，不是为了别的，而是为了更深入地、更精确地认识地壳运动现象，更准确地掌握它的规律。那种为理论而搞理论的做法，是空洞的、无所归宿的，即使你竭尽思虑去搞，终究也是行不通的，要是结合实际去搞，那就大有可为了。

新中国成立以来，我国地质事业的发展，一日千里。地质力学这个学科也相应地得到了迅速的发展。但是，我们工作的进展还远远地落后于需要。为什么进展这样慢呢？有几条很明显的理由：第一，在我们这个号称地质力学研究所的机构里，工作做得不够，还不能够真正起到样板的作用。第二，地质力学可以说是一门土生的科学。过去，人们对土东西总有点不大瞧得起，搞土东西的人们，也不是经常能够充分发扬自力更生的精神。第三，由于面临着上面所说的情形，我们往往倾向于关起门来自己搞工作，即使有点心得也不大愿意向别人介绍。就是说，我们工作中有脱离群众的倾向。第四，有些搞地质力学工作的同志们，对于自己的工作在生产实践方面可能发挥的作用估计不足，尤其是没有尽最大的努力，主动地同有关的生产单位密切结合起来，有效地解决生产实际问题。第五，有些同志错误地认为自己的数理基础比较差，缺乏搞地质力学的基础，即使去硬搞，也不会有什么前途，不如不搞。

上述的一些问题，有的不存在，有的正处在逐步克服的过程中。今后，你们，和其他各方面从事地质力学的同志们，一定会把地质力学更广泛地带到群众中去，更深入地带到实践中去，更密切地和生产联系起来，更好地为生产服务。当你们回到自己原来的工作岗位的时候，应当依靠组织，是否可以划出一部分业务学习的时间来，邀集一部分同业的同志，在自愿的基础上，组成地质力学研究小组，结合本单位生产实践的经验或教学的经验，对地质力学的一些基本概念和工作方法，加以讨论、检验和改进。让广大的地质工作者和即将参加地质工作的青年同志们，对地质力学中若干基本概念和行之有效的部分，有所了解，有所认识。当我们向广大的地质工作者介绍我们自己的经验或自由探讨问题的时候，我们必须不骄不馁。"这里是两条原则：一条是群众的实际上的需要，而不是我们脑子里头幻想出来的需要；一条是群众的自愿，由群众自己下决心，而不是由我们代替群众下决心。"

名师赏析 / MINGSHI SHANGXI

本文是李四光教授于1965年10月26日在地质力学研究所举办的第三期地质力学进修班上的讲话稿。本文通过对地质力学的发展历史进行介绍，使我们了解了地质力学的一些知识，也让我们明确了地质力学所面临的问题与任务，从而对地质工作者提出了更高的要求。同时，我们也感受到了李四光教授对下一代地质工作者的殷切期盼，以及对地质力学发展的无限憧憬。

● 好词好句

纷乱　诸如此类　雄巍　各式各样　搁浅　蜿蜒　百发百中
徒劳无益　行之有效　相提并论　一日千里

启蒙时代的地质论战

地球是宇宙中一颗渺小的星体，是太阳系行星家族中一个壮年的成员，有丰富的多种物质，构成它外层的气、水、石三圈，对生命滋生和生物发展，具有其他行星所不及的特殊优越条件。

人类生活在地球上，在地球上从事生产劳动，要了解它的历史和现状，这是很自然的，也是有必要的。"地球上"这个词，从范围看，应该包括陆地、海洋和地球表面以下一定的深度，还有在我们地球表面以上的大气层。这层大气，也是地球上部的组成部分，大气的底部，与人类的生活息息不能分离，与地球表面所发生的变化，在很大范围内有密切的联系。人类在改造自然、改进生活的斗争中，一直在和地球的表层打交道。看来，有一种趋势，今后还要以更大的努力与大气层和地球深部不断地做斗争。关于大气层中各种问题的探索和解决，主要由气象工作者和天文工作者分别担任；地球表层和深部的探索工作，无疑属于地质工作的范围。

人类通过在地球上从事生产劳动，逐步对地球有所认识，那些认识，最初总是感性的。为了突破"必然王国"（指人们掌握客观规律前盲目地受客观规律支配的状态）的束缚，进入"自由王国"（指人们掌握客观规律后自觉地运用规律改造世界的状态），就首先需要掌握在上述范围内自然界不断发展的规律，才好总结自己的经验，从而把认识自然的水平提高。

地质科学大体上是在这种要求的基础上发展起来的。历史的记载告诉我们，自古以来，就有些人注意到构成地球表面那些有形的东西，不是永远"安如泰山""坚如磐石"，而是在不断发生变化。这在中国恐怕传说最早，如中国《麻姑神仙传》上就提出过"沧海变为桑田"。在希腊，公元前500年，哲罗芬（古希腊学者）就注意到现今海水里的螺蚌等类，在莫尔他岛上夹在远远高出海面的崖石中。其他，如宋代（11~12世纪）的沈括（字存中，号梦溪丈人，北宋科学家。沈括根据太行山岩石中的生物化石和沉积物，分析出华北平原过去曾是海滨）、朱熹（字元晦、仲晦，南宋理学家。他曾通过对高山螺蚌壳的考察来研究地球的变化），意大利的达·芬奇（意大利文艺复兴时期画家、发明家，他根据高山上有海中动物化石的事实推断出地壳有过变动，指出地球上洪水的痕迹是海陆变迁的证明）（15~16世纪）对海陆的变化，都提出了比较更具体的地质现象作证。所有这些，都是一些粗略的概念，而没有成为地质科学开始发展的基础。

近代地质学，可以说是从西北欧那个小天地之中开始发展起来的。当地当时极顽固的宗教势力，对自然科学，首先是地质科学，跟着就是生物进化论，是不共戴天的。当时的宗教尽管经过了一度改革，那些宗教权威还是死死抱着一种传统的迷信来迷惑广大的人民群众，在意识形态上、在政治上巩固他们的统治地位。他们说，世界是公元前4004年，上帝用了6天的工夫一手创造出来的。而地质学家和古生物学家，发现了愈来愈多的事实，与上述宗教的迷信是格格不入的。不仅格格不入，而且科学家的观点是为宗教所不允许的。这样，就发生了科学，首先是地质学与宗教的一场你死我活的斗争。由于宗教势力在西方的封建主义，随后，资本主义世界中，有悠久的根深蒂固的传统，到了今天20世纪将要结束的时候，在西方，宗教势力的影响并没有肃清。

当地质学开始发展的时候，对地质现象进行探索的主要任务，都是立足在他们所见到的事实上而从事劳动，他们的大方向基本上是一致的。虽然，教会把他们这些人都看作是"异端"，把他们的话都当作"邪说"，而他们彼此之间，却因为观点不同，对同样的现象认识不一致，这就形成了"水成论"和"火成论"两大学派。

一、火成学派对水成学派的斗争

以德国人维尔纳为首的水成学派认为，地球生成的初期，其表面全部为"原始海洋"所淹盖。溶解在这个原始海洋中的矿物质逐渐沉淀，从这些溶解物中，最先分离出来的东西是一层很厚的花岗岩，它铺在表面起伏不平的地球"核心"部分上面，随后又沉积了一层一层的结晶岩石。维尔纳把这些结晶岩层和其下的花岗岩，称为"原始岩层"。他认为"原始岩层"是地球上最老的岩石。他又认为，由于后来海水一次又一次下降露出水面的、由原始岩石所形成的山头，经过侵蚀又形成了沉积岩层，他把这些沉积岩层称为"过渡层"。他认为，"过渡层"以上含有化石的地层，都是由"原始岩层"变相而产生的东西。他坚持其中所夹的玄武岩，是沉积物经过地下煤层发火而烧成的灰烬，不是岩流。1787年冰岛（大西洋北部）炽热的玄武岩大量爆发，铺满大片地区，当时在西北欧，人们认为是轰动世界的大事。在这次大爆裂发生20多年以前，得马列（法国地质学家，一译"迪马雷"）已经在法国中部一个采石场里，发现了黑色的典型玄武岩，他跟着这个玄武岩体一步步地追索，直到达到一个火山口。这一发现完全证明了玄武岩就是火山爆发出

名师导读 /MINGSHI DAODU

❶ 1775年起维尔纳任德国费顿堡矿山学校的教授，以出色的教学吸引了大量青年学生，加上他在矿物领域的成就和严谨努力的工作态度，使其观点易被人们接受。但他的"水成论"受到生活环境等条件的限制，没有大量地质实践作为支撑，因此有很大的局限性。

❷ 在当时宗教占统治地位的舆论环境中，与宗教传统观点相似的"水成论"更容易出头。与宗教传统观点相悖的"火成论"尽管事实依据更加丰富可靠，但还是遭到了宗教势力的无情镇压。

来的岩流。这个事实，给了水成论点以严重的打击。得马列经常不愿意和反对者争论，只是说："你去看看吧。"（从得马列的话中可以看出，他是一个注重实践的科学家，他的发现动摇了水成学派的观点，为火成派的学说增添了事实依据。）然而，水成论者还是围绕着维尔纳，坚持他们的论点，始终认为玄武岩不是熔岩凝结而形成的，而是采用了其他不大合理的解释。

［维尔纳是当时最有威望的矿物学家。他亲身采集的矿物种类很多，鉴定分类工作也是丝毫不苟。他对他的学生也是非常认真、非常严格，可是他的性格是异常顽固的。他住在德国的萨克索尼地区，在一个小矿业学院里从事教学工作。他家里贫寒，没有资金到远处去看看，所以他所见到的地质现象仅限于萨克索尼地区的地质现象，对地质现象的解释，当然也受到了萨克索尼那个地区的限制。就萨克索尼地区来说，他的论点，大致也可以过得去。］❶

以英国人赫顿为首的火成学派认为，由多种矿物结晶，包括石英所组成的花岗岩，不可能是矿物质在水溶液中结晶出来的产物，而是高温度的熔化物经过冷却而形成的结晶岩体。由于花岗岩在地球表面的岩石层中占基础的地位，所以花岗岩的生成问题就和地球上岩石的生成问题，也就是地球发展历史的问题，在很大的程度上是分不开的。火成论者进一步从这种花岗岩母体的边沿部分，找到了许多由它分出的结晶花岗岩脉插入周围的岩石之中，认为石英这一类矿物绝不可能溶在水中，怎么可能从水溶液中结晶出来呢？他们更进一步察觉了和花岗岩体或岩脉接触的岩层，往往很明显呈交错和焦灼的状态，这就更证明了高温熔岩侵入的作用。另外，火成学派经过仔细地察看，组成玄武岩的矿物颗粒，也大都是从熔化状态下受到冷却而结晶的产物。诸如此类的事实，对水成学派的论点都是不利的。

赫顿这个人的性格比较温和，不像维尔纳那样顽固，没有做出像维尔纳那样公开顽强的表现，虽然他在内心对他那一派的观点是很坚定的，但在他的生前人们很少注意到他所提出的问题。［赫顿这一派受到的压力，不仅来自水成学派，而且来自由于赫顿的观点比水成学派更不利于宗教传统的信念，这就受到了宗教很严酷的迫害。还有一个原因，就是赫顿学派转入了下一场激烈的斗争，即渐变论和灾变论的斗争。而宗教势力对渐变论的观点是痛心疾首的。］❷

从地质科学的发展历史来看，在这个发展初期的阶段，水成学派和火成学派都做出了一定的贡献，在近代科学萌芽的阶段，他们在不断的斗争中，陆续地把地质科学向前推进。

当时斗争的激烈情况，可以从下述故事得到一点印象。在苏格兰爱丁堡一个小山上的古城下，两派开了一次现场讨论会，互相指责和咒骂达到了白热化的程度，结果用拳头互相殴打一场，才散了会。散会以后，在愈来愈多有利于火成学派观点的事实面前，一时在地质学中占统治地位的水成学派内部逐渐瓦解，一向坚决支持维尔纳的门徒也一个个溜走了，最后以水成学派的完全失败而告终。这样，人们对地质现象的认识就大大地提高了一步。

二、渐变论对灾变论的斗争

以法国居维叶（法国地质学家、古生物学家）为首的灾变论学派认为，过去世界上一次又一次发生过灾难性的大变化，经过每一次灾变，世界的景象突然改变。例如过去有过洪水时期，在这个时期，洪水到处泛滥，山川原野和一切景物都改变了面貌，生物大批灭亡，经过这样一次毁灭性的变化以后，一个新的世界又重新出现。灾变论者指出，像1765年毁灭意大利的庞贝（亚平宁半岛西南角坎帕尼亚地区的一座古城，始建于公元前4世纪，公元79年毁于维苏威火山大爆发）和赫尔丘兰纽姆那些巨大的繁荣城市，活活地把千千万万人埋在横扫一切的岩流之下，当时，在西欧广泛引起了极端的恐怖。灾变论者抓住这些事实，于是纷纷议论，说既然在意大利的一个地区现在有这样的事实发生，难道在全世界更古的时代，就没有发生过规模更大的火山爆裂、白热岩流广泛流注，造成更可怕的灾难吗？如若灾变论者当时知道，在印度西部，大约在始新世时代，在中国西南部，石炭纪与二叠纪时代，地下突然有大量玄武岩迸出，范围之大远远超过了毁灭庞贝那一次的火山爆裂。如若灾变论者当时知道，在人类已经出现的时期，在世界上不止一次出现了厚度达几百米乃至几千米的冰流，填满了山谷，覆盖着原野，形成一望无际的冰海。这个冷酷的景象，给人类和其他生物带来的灾难又是来得多么突然、多么可怕！我们今天追索地球上一切景物变化的过程，还可以代替灾变论举出其他不少毁灭性的变化来支持他们的观点。例如，在地层中我们往往发现古生物群忽然而来、忽然而去等。

另外，还值得提出的是，灾变论者指出了洪水为灾以致生物的大批死亡，这很接近圣经上所提的洪水为灾的故事，因而得到了宗教势力的支持。

灾变论者指出了地球上突然发生的巨大变化，这对人们认识自然现象有一定的激发作用；而他们片面地强调这些现象，好像大自然的变化没有秩序、没有规律，这又对人们认识自然所需要的科学态度，无所启发。

渐变论的倡导者，实际上也是以赫顿为首的。在他和水成论做斗争的年代里，他愈来愈清楚地认识了地球的自然变化是极其缓慢的，现在是这样，过去也不外乎这样。赫顿认为，我们只能根据现在在世界上发生的一切，来了解和追索过去发生的一切，他认为这是很现实的。什么世界时时受到超自然灾难的设想，对赫顿来说，简直是神秘不可思议的。他对于这一点的信心，最好是用他自己的语言表达出来，他说："推动自然现象除了对于地球是自然的力量以外，再没有别的力量可以适用，除了在原理上我们所知道的行动（指自然界）以外，再没有别的可以许可。"赫顿毫不含糊地指出，现在地面上的山谷原野，并不是一成不变，而是逐渐消耗剥落成为泥沙、石子，被流水带到海里成层地积累起来，这些东西要是固结了就和陆上的岩层一样，积累是非常慢的。陆上那么厚的岩层应该代表多么长的时间！这就对地球的过去打开了几乎难以置信的漫长历史，这个漫长的地质历史时期，自然力流行，看来没有什么和今天不同。

赫顿的论点，在他生前虽然没有引起人们的注意，但到了他的晚年即18世纪的末叶，人们关于地层的知识一天比一天丰富起来了，因此灾变论也就无形无影被渐变论代替了。特别是18世纪后期，英国的施密斯（英国地质学家，被誉为"地层学之父"）在他开掘运河的工作中，取得了大量有关地层资料，运用化石划分地层、对比地层。根据化石的种类，不仅在西北欧那一小块地方建立了地层发展的程序，从而揭开了漫长的地质历史，而且这一方法的运用扩展到了世界的许多地区。

19世纪中叶，莱伊尔（19世纪英国著名的地质学家、英国皇家学会会员、地质学渐变论的奠基人，在地质学发展史上，曾做出过卓越的贡献）的名著《地质学原理》一书，总结了到他那个时代为止的经验，提出了渐变论这个名词。他把对矿物、岩石、地层、古生物等方面的研究，都纳入了地质科学的领域。他第一次把维尔纳的"原始岩石"中的结晶岩层分别出来，称为变质岩类。"变质"这个词，明确地显示着一切变质岩类，都是由普通的沉积岩层经过高压和高温的作用，发生了结晶和再结晶而形成的。后来的工作，证明了莱伊尔的看法是基本正确的。

莱伊尔对火成岩的组成和形态做了分析，指出了它们在许多地质现象中，并不像火成学派与水成学派激烈论战时那么重要。从莱伊尔的著作中可以看出，地层中所含的化石，是追索地球历史发展过程的主要资料。莱伊尔的这个观点，奠定了现代地质科学发展的基础。可以说，一百多年以来，全世界的地质工作基本上是以地层学为主导的。人们在这里、那里，在这个时代、那个时代，发现了火成岩的活动、地质构造运动和生物世界层出不穷的变化等，都是在很大的程度上与地层学和古生物学的发展分不开的。

为了寻找矿物资源，在世界上许多地区设立了地质调查机构，取得了大量的地质资料，特别是有关地层的资料，这就大大地扩展了地史学的领域，大大地丰富了它的内容。但是，由于一百多年来，人们对地质现象的认识和采用的方法，基本上是以地层所提供的资料为主导的，这样做，固然发展了地质学，但也束缚了地质学的发展。地层的记录，无论在哪个地区，总是残缺不全的，即使把全世界各处保存下来的地层全部拼凑起来，也不能反映地质时代的全部历史，而地质时代的历史，仅仅是地球历史极短的、最后的几页。

在这一百多年来，现代的地质科学没有重大的跃进，但也发现了一些极堪注意的大问题，至今还没有得到解决。现在，把这些重大的问题分篇扼要地叙述一下。

名师赏析 / MINGSHI SHANGXI

本文为1972年9月由科学出版社出版的《天文、地质、古生物资料摘要（初稿）》一书中的第二部分。文章主要介绍了关于地质学说的两大论战：火成学派与水成学派的论战、渐变论与灾变论的论战。李四光教授从辩证的角度论述了几大学派的贡献与不足之处，体现了他严谨、客观的治学态度，同时也表达出他对地质工作者所从事工作的高标准、严要求，以及对他们的殷切期盼。

● 好词好句

渺小　滋生　优越　安如泰山　坚如磐石　不共戴天

格格不入　你死我活　根深蒂固　肃清　痛心疾首

● 延伸思考

1.本文讲述了哪几大学派的争论？各自的观点分别是什么？

2.为什么宗教会支持灾变论？

地质时代

一、地质时代的划分

[所谓地质时代，并没有严格的界线，一般是从最老的地层算起，直到最新的地层所代表的时代而言。最老的地层，当然包括变质岩层，最新的地层不包括冲积层。]

广泛的实践经验证明，除了变质岩以外，许多不同时代建造的地层往往含有不同种类的化石，其中经常可以找出若干族类、种类只出现于某一段地层或者仅限于某几层地层。根据这种普遍存在的现象，在每一个地区从事地质工作的人们，经常注意在地层中寻找化石或者化石群作为标志来和其他地区的地层对比。有些化石是很特殊的，在上下地层垂直分布的范围很小，而在全世界的水平分布却很广。不管在各处的地层的岩石性质是否相同，只要它们所含的化石或化石群相同，它们的地质时代就是相同或大致相当的。这样一来，古生物化石的研究就成为划分地层的重要途径。

尽管在古代，宗教徒对化石公然提出了一些诡怪的说法，然而那种迷信很快就被古生物学揭穿了。

这样，从发展过程的历史来看，古生物学和地层学是密切联系着的两个学科，但是就在它们发展的过程中，发生了争论，形成了两派：一派主张古生物学和地层学应该合起来搞；另一派主张把古生物学分开，让地层学站在一边，而由古生物学自己根据生物进化的过程建立一个独立的学科。这两派有时争论很激烈，有时也按传统习惯"各自为政"，到今天形势还是这样。

不管怎样，利用古生物遗迹和遗体来划分地层，在世界范围内，对地质的历史已经做出了很大的贡献。[而地层在层序上，在阐明上下的关系，也就是新老的关系上，对古生物某些种族的发展过程，也提供了确实可靠的依据。]❷

含有古生物遗迹或遗体的地层，只限于全部地层较新的一部分。这个较新的一部分，已经根据上述的观点，划分为若干时代的产物。但是，现在已经发现了，还有很厚一段较老的地层基本上不含化石，那就需要用其他的方法来鉴别它们产生的时代。未变质或浅变质的较老的地层，在中国叫震旦系，最厚达10000多米。但是，这个名词，在国外有的用，有的还固执地不用，统称为前寒武纪；而我们国家搞地质的也有一种跟外国传统走的倾向，也跟着叫前寒武纪，而不叫前震旦纪。

[自从某些物质蜕变现象被发现以来，人们就利用某些元素，特别是铀、钍、钾等的蜕变规律来鉴定地层的年代。]❸因为用这个方法，可以求出地层中或火成岩体中原来所含蜕

❶ 解释说明地质时代所包含的范围。

❷ 利用古生物遗迹和遗体来划分地层，为地质研究做出了贡献；而地层的新老关系也为古生物研究提供了某些依据。可见，古生物学和地质学联系之紧密。

❸ 这里所说的"物质蜕变"，是指放射性元素的蜕变，即放射性元素自发地放射出 α 射线、β 射线和 γ 射线以后，会变成新的元素。现在常用来测定地质年代的同位素质谱仪也利用了这个原理。

变矿物存在的年龄，所以，一般称为绝对年龄鉴定法。实际上，所谓绝对年龄，并不是绝对的，它只提供一个概略的数字。因此，这个名词不恰当，最好称作同位素年龄鉴定法。（名词的改动，充分体现了李四光教授严谨的科学态度。）

二、地质构造运动的时期问题

地层并不是在水里或陆地上一层加一层平铺上去的东西，而是在它们形成的某些阶段、某些地带发生了程度不等、方式不同的运动。这种机械运动，只要达到了一定的强度，就从参加运动中的地层的特殊结构反映出来。运动以后，受影响的地层，就不再是一层一层平铺上去了，而是发生规模不等的挠曲、褶皱、断裂等现象。同时，有些地区，由于受了挤压的原因或地下深部隆起的原因，上升成山岳；另外一些地区平缓地下降成为洼地、湖沼或为海水所淹没。（解释了地球上的山岳、洼地、湖泽等形成的原因，说明了地质构造运动对地貌的影响。）在山岳地带，由于大气中的侵蚀作用，高山逐渐被剥落，乃至夷为平地；而在低洼地区，就接受那些剥落下来的物质，如石块、泥沙之类，暂时地或永久地沉积下来。经过了这样一次地质构造运动以后，如果大面积地区又被淹没，那么在被削平了的挠曲、褶皱的地层上面，又会沉积一系列平铺的岩石。这些新沉积的岩层和其下老岩层不整合的关系，就标志着在某一个地质时代，地球上某一地区或地带发生过比较强烈的运动。有时，在这种运动发生的时期，在有关的地区往往有不同形状的火成岩侵入，同时那些侵入体有时带来了各种有用的矿产，这一切，当时也被削平了，也为新地层所覆盖。

上面所说的现象，是在地球上许多地区经常见到的现象，它们对有关地区的地质发展过程，也就是那个地区的地质历史是具有极其重要意义的，这一点没有问题。问题在于：

（1）究竟这一段历史发生在什么时代，就是说在不整合面（如果一个地区沉积了一套岩层，之后又上升露出水面并遭受剥蚀，造成长时间的沉积间断，然后再重新下降接受沉积，即在先后沉积的地层之间缺失了某一时期的地层，造成上、下地层时代的不连续。上、下地层之间的这种接触关系称为不整合接触。不整合接触的上、下地层之间隔着一个大陆剥蚀面，这个面就叫不整合面）的上面的地层和下面受了短期或长期侵蚀的地层，能不能依靠古生物的鉴定，或者同位素年龄的鉴定来找出确切的答案呢？一般，确切的答案是很难得到的。

（2）在不整合面代表一个长期受侵蚀的情况下，难道不会在这个受侵蚀的时期中，在不整合面上，有个时期被水淹没过，也停积过沉积物，后来，由于上升露出水面，又被侵蚀掉了？这样的过程，就没有地层的记录可考，我们不能排除这种情况的可能性，也不能排除这种事情反复发生过几次的可能性。中国北部，奥陶纪地层和石炭纪、二叠纪地层之间，有很长的时期，缺乏地层的记录，这就是很好的一个例子。

（3）既然侵蚀的时间不能确切地鉴定，那就很难把在某一个地区发生的某一次运动和另外一个地区发生的某一次运动，严格地联系起来作为同一运动看待。特别是那两个地区相隔很远，对比起来就更没有把握。

但是，一百多年来世界各地的地质工作者，趋向于共同的认识，他们认为各地质时代中，地球上发生过几次强烈的运动，而每次强烈运动大体上是同时的。这里，我们需要追索一下这个概念形成和发展的过程。那几次巨大的运动，最初主要是根据西欧那个局部地区的地质条件定下来的，后来把它推广到世界上其他许多地区。事实上，在逐步扩大范围的过程中，在时间对比的问题上，已经引起了不少的争论。

尽管这样，最初的那个概念，一直占着统治地位，传到了俄国，也传到了中国。所以，在中国的地质工作者，也就认为在我们的国度里也有什么加里东运动（欧洲普遍用于早古生代变形的名词，以英国苏格兰的加里东山命名。志留纪及更早地层被强烈褶皱，与上覆泥盆纪呈明显的不整合接触，形成从爱尔兰、苏格兰延伸到斯堪的纳维亚半岛的加里东造山带）、华力西运动（又称海西运动，由德国海西山得名。华力西运动所形成的褶皱带，称华力西或海西褶皱带。华力西运动起初在德国用于不同时期褶皱、断裂作用造成的任何山地，后限指晚古生代造山运动）和阿尔卑斯运动（中生代和新生代地壳运动的总称，由欧洲阿尔卑斯山得名。阿尔卑斯山和喜马拉雅山相继褶皱升起，上述期间沿古地中海形成的欧亚东西向巨大褶皱带又称阿尔卑斯—喜马拉雅褶皱带）等三次极其强烈的运动，也就不知不觉地套用了什么加里东等的名称，所以在地质工作者之间往往就发生这样毫无意义的争论：譬如说，秦岭这条山脉，你说是加里东运动形成的，他说是华力西运动形成的，诸如此类。这就说明一个问题，我们地质工作者，把外国的东西生搬硬套，用来解决中国地质上的问题，这样就带来了严重的错误和巨大的损失。

事实上，根据中国地层发育的情况和其间不整合的关系，新中国成立以来，我们已经证实了一些规模巨大的运动。譬如说，燕山运动（侏罗纪和白垩纪期间，鄂霍次克板块和伊邪那岐板块先后与欧亚板块东北部碰撞）（在中生代时期）、吕梁运动（一种地质构造活动，因在山西吕梁山的表现最典型，故得名）（在前震旦纪时期）等的存在，而这些运动在欧美等地区就不那么显著。甚至，从那里地层发育的现象得不到证明。反过来说，阿尔卑斯运动（时间是在第三纪的中叶）在欧洲的南部，确实是很激烈的，而在中国就见不到同时发生的强烈运动的痕迹。

以上所说的这些运动，都是指运动的时期或局部的方向而言，很少涉及在每次运动波及的范围内所造成的构造形式，关于这一点的重要性，另有论述。

三、地槽和地台问题

同一个时期的地层在地理条件不同的地区，构成它的沉积物的性质和厚度往往不大相同。就地层的厚度来说，有的地区从零到几米或者仅仅几厘米，而在另外一个地区厚度可以达到几十米或者几百米；就沉积物的性质来说，在某些地区是泥沙层或石灰岩层之类，而在另外一些地区主要是粗、细砂砾岩层、煤层或夹若干石灰岩层等类的物质造成的。这种在地面上沉积物的变化，一般大都可以用地形隆起、低洼，沉没在水中或海中的深浅来加以说明。不过，通过这样的解释，来说明同一地质时期所产生的地层的变化，是有限度的，是一般性的。

1859年霍尔在北美东部阿巴拉契亚山脉的北部，发现了受过强烈褶皱的古生代浅海相地层，其厚度共达12公里以上。（具体准确地写出了北美东部发现的古生代浅海相地层，厚度很深，反映出当时构造运动的剧烈。）就是说，比在阿巴拉契亚山脉以西的同一时代，几乎无褶皱的岩层，厚10倍到20倍。既然那些沉积物是浅海的产物，那么它们的产生必然是由于它们沉积的地带，边沉降、边沉积而造成的东西。后来，在那一带浅海沉积中，又发现了夹杂着火山岩流之类的复杂岩层。1873年，达纳（美国地质学家）进一步调查研究了这种现象，他把这样长期的沉降带和其中的沉积物，统称为地向斜（中文译名为地槽）。达纳以后，在世界其他地区，又发现了不少主要是由浅海沉积物形成的厚度很大的狭长地带。在这样的地带积累起来的沉积物，必然是那个地带边下沉、边沉积而产生的。地槽这个概念，也就逐渐普遍地被接受下来了。其中，显著的例子就是北美西部的科迪勒拉地槽，南美西部的安第斯地槽，欧洲的阿尔卑斯地槽，欧亚分界的乌拉尔地槽，中国的祁连山地槽、秦岭地槽等。

人们对地槽的认识，在地质构造现象中，确实提出了一个比较重要的问题。但是，也引起了一些疑问，首先是地槽的概念，不是那么明确。因此，在推广这个概念的过程中，就出现了各式各样的地槽，有的甚至与原来认为是典型地槽的特点并不符合。这还是次要的事情，更重要的问题是在地球上为什么发生了那些"地槽"？讲地槽的人们，好像认为地槽是天生的，不允许过问它的起源。[科学工作者，对世界上的万事万物就是要问个为什么，闭口不谈地槽的起源，是非科学的。]❶ [我们毕竟要问，每个确实存在的"地槽"，它为什么恰巧出现于它所在的地方？为什么所有地槽都占有一个长条形的地带？为什么经常有和它相伴随的、相反相成的隆起地带？]❷ 这种隆起地带有时夹在地槽中间，有时靠近地槽的一边。当然，这些隆起地带由于受到侵蚀，现在或者已为平地，或者是和地槽中的沉积岩层一起转入了强烈的褶皱，有些人把这些伴随地槽的隆起地带称为地背斜。这个名称，恰好是和地向斜相配合的。根据这一类事实，如果我们把地槽和伴随它的地背斜，当作大陆上某些地带发生的巨型挠曲、褶皱看待，看来是合理的。就是说，地球上大中小型的褶皱，在实质上基本是相同的，其不同之点，只是规模的大小，这样看问题，我们就可以把地向斜（地槽）、地背斜和其他大小型的向斜、背斜同样当作地壳形变现象处理。那种把地槽看作地球上特殊的、不需要过问起源的、天生的形象的论点，是不可知论，是反科学的论点。

[地槽以外的地区，往往存在着褶皱甚为平缓，除了整体略为上升下降以外，看不出什么显著运动迹象的稳定地块。在乌拉尔山脉西侧广大的地区，就是属于这一类型的地块。俄罗斯的地质工作者们抓住了这一特殊现象，称它为俄罗斯地台。] ❸ 以后，他们在乌拉尔以东，又发现了一大块平地，叫作西伯利亚地台。从此，他们又推广了地台这个名称，一直推到中国来了，称中国这个地区为中国地台。其中又分为若干个较小的地台。经过长期的地质工作和比较深入的探测，人们在地台策源地的俄罗斯地台下面，发现相当强烈的褶皱和火成岩的活动。而西伯利亚地台区，表面尽管平缓，下面的地层在有些地方褶皱也是非常剧烈的。[在中国，全国范围内地层的褶皱，一般都是比较明显的，而在很多地带又是极为强烈的。所以就在套用了中国地台这个名称的基础上，于是就不得不把各式各样的地台，越划越小，在中国的大地构造中，就出现了许多这个、那个地台，而在这个、那个地台中又发现了褶皱带和断裂带互相穿插的情况，又创造了一个新学说，叫作"地台活化"论。请看，"地台活化"了，那还叫什么地台呢？这一个小小的例子，本来值不得一提，但是从这里可

名师导读 / MINGSHI DAODU

❶ 在这里作者强调科学工作者应该有强烈的求知欲，对已经发现的地质现象应该追本溯源，不断发现问题、解决问题，才能不断进步。

❷ 提出一系列关于地槽的问题，激发读者的阅读兴趣，引起下文。

❸ 以举例子的方式引出地台的概念，并介绍具有代表性的地台地貌。

以看出，西欧和苏联地质学界的这种主观主义和形而上学的观点，是怎样深深地影响着一部分中国地质工作者的，这就不是一个小事情。]

四、沉积矿床

各种沉积层中的沉积物，有的具有工业价值，有的还没有找到工业上的用途。具有工业价值的沉积物，有的单独成层夹在普通岩石之中，有的工业矿物成薄片和普通岩层夹杂在一起，有的和普通岩石颗粒混杂在一起。关于成层的沉积矿床，最普通的例子有煤、铁、铝、磷、硫、岩盐、钾盐、石膏及其他盐类等。关于夹杂或混杂在岩层中的沉积矿床种类甚多，在岩层中聚集或分散的形式往往大不相同，这种夹杂或混杂在岩层中的有用矿物的来源，绝大部分是从原生矿床或含有那些有用矿物的古老岩石，经过侵蚀、风化和天然的分选而来的。这种类型的矿床，最值得注意的有含铜砂岩，含磷、含锰的岩层，含金、含铀的砂砾岩以及其他稀有金属、稀土元素、分散元素等。

［以上是指由固体的矿物形成的固体矿床而言，其次，还有一些液体和气体的有用矿物质资源存在于岩层中。] ❷ 因为构成岩层的矿物颗粒之间，经常有大小不等的空隙，液体或气体往往充填这些空隙，其中具有最重要工业价值的液体和气体，就是大家所知道的石油和天然气。地下水也是夹杂在岩层中极其重要的成分。在某些地区，特别是干旱和盐碱地区，地下水对广大人民群众的日常生活和社会主义工农业建设，都是一种必不可少的资源；而在另外一些地区，如某些矿山开发的地区，它又可能造成灾害。

由于石油、天然气和水的特殊重要性，以及它们在地下的流动性，地质工作者必须不断总结野外观测和实验的经验，通过实践、再实践来阐明这些矿物质的分布、动态和集中的规律，查明它们集中的地带和地区，分析它们的组成成分。显然，我们需要用特殊的方法来处理有关这一类资源的问题，与固体矿床的处理方法有所不同。[就石油来说，我们首先应该根据从地质和古地理条件来寻找哪些地区是具有有利于生油的条件。所谓有利于生油的条件：

（1）就是需要有比较广阔的低洼地区，曾长期为浅海或面积较大的湖水所淹没；

（2）这些低洼地区的周围需要有大量的生物繁殖，同时在水中也要有极大量的微体生物繁殖；

（3）需要有适当的气候，为上述大量的生物滋生创造条件；

（4）需要有陆地上经常输入大量的泥、砂到浅海或大湖里去，这样，就可以迅速把陆上输送来的有机物质和水中繁殖速度极大而死亡极快的微体生物埋藏起来，不让它们腐烂成为气体向空中扩散而消失。] ❸

石油生成的论点很多，直到现在还莫衷一是。不过，大体上看来，上面的观点可以说是大致符合实际情况的。这仅仅是就石油的生成，也就是它生成时，当初分布的主要特点和一般情况而言。在地种分散的情况下，生产

名师导读 / MINGSHI DAODU

❶ 形而上学是指与辩证法对立的，用孤立、静止、片面的观点观察世界的思维方式。在这里作者通过对中国地台现象的介绍，批判了科学上的主观主义和形而上学的思维方式。

❷ 过渡句，承接上文"固体矿物形成的固体矿床"，引起下文关于岩层中液体和气体的论述。

❸ 分条介绍了利于生油的几个条件，反映出地质工作在寻找资源方面的重要性。

出来的点滴石油混杂在泥沙之中，是没有工业价值的，必须经过一种天然的程序，把那些分散的点滴集中起来，才有工业价值。这个天然的程序，就是含有石油的地层发生了褶皱和封闭性的断裂运动。

所以，我们找石油的指导思想：第一，要找生油区的所在和它的范围以及某些含有油气苗的征象（关于这一点，不是经常可以找到的，如果石油埋藏和封闭得比较好的话）；第二，进一步查明适合于石油、天然气和水聚集的处所，石油工作者称那些处所为储油构造。

名师赏析 / MINGSHI SHANGXI

本文为1972年9月由科学出版社出版的《天文、地质、古生物资料摘要（初稿）》一书的第三部分。文章从地质时代的划分、地质构造运动的时期问题、地槽和地台问题、沉积矿床等方面介绍了研究地层工作的要点。从中我们可以看出，地质工作源于人们对矿物资源的认识和利用，它是人们认识和改造自然，满足物质生产和生活需要的一个重要方面。李四光教授在此也对地质工作者们提出了更高的要求和期望，体现了他从人民需要出发的强烈责任感。

● 好词好句

诡怪　各自为政　追索　生搬硬套　莫衷一是

● 延伸思考

1.地质时代是如何划分的？

2.石油和天然气形成的条件是什么？

3.地质构造运动形成了哪些地貌？

三大冰期

地质工作者们争论最久的问题，恐怕要算冰期（指地球表面覆盖有大规模冰川的地质时期，全称冰川时期）问题。这个问题，虽然在世界上其他地区已经基本解决了，但我国地质、地理工作者，对我国地质时代有无大冰期的问题，还没有达成一致的认识。

一、第四纪大冰期

最近的大冰期，也就是第四纪的冰期问题，尤其复杂。在已经证实了冰盖或冰川存在过的地区，一般都可以分为几个亚冰期，其间夹有间冰期。每一次冰期，当然有气候比较寒冷，雪雨降量比较大等因素的存在，但也不是像灾变论（一种地质理论，认为在地球历史上发生过多次巨大的灾变事件，每经一次灾变，原有生物会被毁灭，新的物种则被创造出来。最早由法国学者居维叶提出）者所说的那样，生物全部毁灭了。相反，从人类发展历史来看，原始人类发展较快的阶段，正是人类和自然界严寒的条件做斗争最激烈的时代。

间冰期时代，气候炎热或温暖，是生物生长的繁盛时代。人类在经过了冰期严峻的锻炼以后，进而在间冰期获得了有利于生产、有利于改进生活的条件，在这种情况下，人类又进一步得到了发展。

在第四纪时代，我国有没有冰期的问题，是个长期争论的问题。从

名师导读 / MINGSHI DAODU

❶ 中华人民共和国成立后，我国的地质工作者和地理工作者相继发现我国存在冰期的各种证据。作者对其工作进行了肯定。

❷ 所谓的外国专家有意或无意地否定中国存在第四纪冰期。作者认为，这是一种学术偏见。"死抱"一词，具有贬义色彩。

❸ 通过具体分析，作者认为我国的部分冰川工作者因对冰前沉积物认识不清或故意混淆概念，而对中国存在第四纪冰期的现象严重误判，或干脆视而不见。

许多高山地区，甚至就某些山麓平原来看，往往有许多典型的山谷冰川地貌和冰流堆积以及冰水沉积物存在，这些对冰期的存在可以做肯定的答复。从寒冷气候下生长的生物，例如披毛犀、猛犸象、高山植物的孢粉等类在平原沉积物中的发现，也可以得到冰期存在的有力旁证。［这些证据，是中华人民共和国成立以后，我国的一部分地质工作者和地理工作者发现的。］❶

［过去外国的所谓专家们，没有看到这些现象，即使看到了，也因为他们死抱着中国在第四纪时代不存在冰期这个传统的概念，也就不认识或不理睬那些现象，认为中国没有第四纪冰期。］❷

［就冰川工作来说，当前还存在着这样一种情况，即有些冰前沉积物被误认为河流沉积，或者反过来，河流沉积被误认为冰前沉积。有些人甚至不去做过细的工作，不去努力把这两种沉积物分开，而统称为洪积。这些人因为在主观上只认为大片的砾石层都是由洪水冲积而来，而不愿意进一步追索那种"洪水"是怎样发生的，因而不愿意追索冰流溶解后，从冰盖中吐出大量的砾石遍布山麓原野，而不是局限于河床这种突出的现象。］❸ 实际上，

只要我们十分细致地做工作，冰前沉积或冰水沉积和普通河流沉积是不难分辨的。

上面是引起混乱的第一个问题。第二个还没有得到解决的问题是冰期和间冰期存在的问题。就是说，在第四纪时代，我国的气候也同世界其他地区一样，有过寒热交错的时期，而寒冷的时期并不是全国为冰层或冰盖所掩盖，而是冰川分布的范围，一般局限于高山地区或某些山麓平原。在一次冰期来到的时候，冰流就前进了，而在气候变暖的时代，冰流大部分消失了。冰流消失以后，在高山地区留下冰蚀地貌（由冰川侵蚀作用所形成的各种地貌形态），在山麓平原地区，冰川堆积和冰前沉积也部分地遗留下来了。但是，在间冰期来到的时代，这些冰川的遗迹，就必然一部分或大部分被流水冲毁。之后，又有一次冰期来到，冰流又前进了，随着冰流的前进，冰碛物又不可避免地被冰流铲去。这样，冰期和间冰期反复发生，就对地形、堆积和沉积物造成了极其复杂的现象。现在，我们只能从分析这些残余的东西，来了解当时冰流的进退，这就难免不发生许多疑问，引起不同的解释。

生物的遗迹也证明了中国在第四纪时代有冰期和间冰期存在，但是有些外国"专家"，只愿意指出热带或温带动物的存在，而闭口不谈寒冷动物的大批发现。（"只愿意"和"闭口不谈"，一针见血地指出那些所谓的外国专家对中国学者的工作存在很深的学术偏见。）他们也许不知道中国的地质工作者和古生物工作者，在中华人民共和国成立以后有了大量的发现，而有些中国专家也同意外国专家的意见。

在第四纪时代，我国有冰期和间冰期是肯定的，但是究竟有几次冰期和间冰期，这是当前还没有解决的问题。根据全国各地近年来所获得的资料，中国在第四纪时代，有过三次冰期，看来是比较可靠的。在某些高山地区，还存在着发生过四次冰期的遗迹，估计最近一次冰期的遗迹被保存下来的年代至多不超过1万年。最后一期发生的冰流，大部分停留在高山的上部，随着气候变暖，冰盖逐渐收缩，最后，冰流发源场所（普通称为冰窖）囤积的冰层也完全溶解了，于是在高山顶上形成湖泊，一般称为天池。（作者用诠释的方法，科学地解释了天池的成因。）在陕西太白山顶，就有几个天池。估计冰层完全消失，这种地貌出现，不过是几千年以前的事。

最古老的一次亚冰期留下来的遗迹，一般都残破不堪。就遗留下来的沉积物或堆积物来说，有些不是疏松的，而是胶结比较坚硬的砾岩。这些沉积物产生的时期，估计在100万年左右，或者更古老一些。

在这些第四纪冰川沉积物中，往往发现古人类生产劳动的工具，在他们居住的洞穴中，往往有一层碳化的土质。也有一些冰川沉积物中，埋没着当时生长的树木，那些遗留下来的树木，一般都碳化或半碳化了。现在，我们可以用碳同位素的方法，来鉴定那些古人类居住的遗址和含有树木的冰碛物产生的年代，这种方法比较准确可靠。（"碳同位素的方法"，即放射性碳定年法，也叫碳-14断代法或碳-14年代测定法。这是利用自然界中存在的碳14同位素的放射性规律，确定原先存活的动物和植物的年龄的一种方法。该方法可测定5万年前有机物质的年代。对于考古学来讲，这是个准确的定年法技术。）目前，我国已经具有必要的条件，进行这项工作。

对第四纪的冰期问题，在欧洲有不少人做了大量的工作，特别是在阿尔卑斯地区和西北欧地区，在那里经过了长期的争论，现在大家都同意主要分为四个亚冰期，然而对最后一次亚冰期中，冰流反复进退的情况，意见还不能一致。但大体上可分为两次或三次，最古的一次在9.5

万～12.5万年前，最新的一次在1万年前左右。根据欧洲冰川工作者的估
计，第四纪大冰期中最古的一次亚冰期是在90万～115万年前发生的。最
近他们还发现了一次更古的冰期，据他们的估计，这个冰期的时代，大
约在137万～180万年以前。这样合计起来，就欧洲来说，最新的大冰期
合计有五个亚冰期（见下表）。（用列图表的方法，详细说明了第四纪
亚冰期欧洲和中国的变化规律。）

第四纪大冰期中的亚冰期

影响第四纪气温的因素综合曲线		距今年数（千年）	欧洲的亚冰期	中国的第四纪亚冰期对比（暂定）
热	冷			
		100	伏尔姆	大理亚冰期
		200	伏尔姆－里士间冰期	
		300	里士	庐山亚冰期
		400		
		500	里士－明德尔间冰期	
		600		
		700	明德尔亚冰期	大姑亚冰期
		800	滚兹－明德尔间冰期	
		900		
		1000	滚兹亚冰期	鄱阳亚冰期
		1100		
		1200	多脑－滚兹冰期	
		1300		
		1400		
		1500		
		1600		
		1700	多脑亚冰期	
		1800		
		1900		

　　北美在最近一次大冰期时代，亚冰期的划分，到现在还存在着分

歧，不过，大体上说，与欧洲的情况相似。

西伯利亚，过去人们总认为那里的气候，在第四纪时代颇为干燥，因而没有产生冰流。这些看法，近几十年来逐步证明是完全错误的。现在，已经证实西伯利亚的东北部，在第四纪时，有大片冰层覆盖，在西伯利亚其他地区，也有山谷冰川流行，至少可以分为三个亚冰期。

在南半球的大陆上，第四纪冰期的遗迹也是显著的。特别是沿着南美安第斯山脉，一直到巴塔哥尼亚，也存在着不止一次亚冰期的痕迹。在澳大利亚新南威尔士的科修斯科高原地区、塔斯马尼亚的大部分，在第四纪时代都曾被冰层或冰流覆盖。新西兰大部分埋没在冰层中，在那里今天还有冰川存在。

南极大陆冰盖的厚度，在第四纪时代，远远超过了今天。不久以前，有人测定了南极大陆对海面的上升，是冰盖减薄而产生的均衡代偿的证据。

大家早已知道，在非洲中部高山，例如鲁文佐里山(Mount Ruwenzori)、乞力马扎罗山、肯尼亚山等处，在今天的冰盖边缘以下1515米的山坡上，还保持着过去的冰碛物。同样，在东南亚加里曼丹中央高山地区，也存在着古冰川的遗迹，比现在的雪线低多了。

根据上述的事实和其他许多现象，可以肯定在第四纪时代，地球的气温有极为显著的变化，有冰流广泛泛滥的时期，也有较温暖或温带地区比现在更炎热的时期。这种现象，不是局部的，而是全球性的。

这样影响全球，包括赤道高山地带的大冰期，如果说独独不影响中国，这是令人难以置信的。由于那些所谓外国专家的中国无冰期的谬论，在我国一部分地理、地质工作者的思想上，打上了难以磨灭的烙印，直到现在，我国的第四纪冰川工作，还是纠缠在那些"洋专家"留下来的或从国外搬来的一些问题上，严重地脱离实际。（作者严厉批评了我国部分冰川学者长期脱离实际、盲目崇洋媚外的消极研究态度。）

有人问，第四纪冰川工作，对生产实践有什么关系？有必要提出这个问题，也有必要回答这个问题，当然在此回答只能是概略的。长期以来，地质工作的实践经验告诉我们，在山区和山麓有冰蚀地形和冰川沉积物的地区，勘探设计，往往生搬硬套苏联式的"规范"，机械地搞槽探、打排钻，这样，对我们的勘探工作，就带来了不小的损失。总结这种反面的经验教训看来，今后对可能有冰川沉积的地区进行勘探工作时，应该首先取得有关冰川的资料，正如水文资料一样，做勘探设计的依据。

水文、工程地质的工作，在山区和某些山麓平原，往往要和冰川沉积物或堆积物打交道。冰川和冰水沉积物以及河床沉积的浸透率，一般是有相当大的差别的，在这些沉积层交叉出现的地区，我们的打井工作，就要充分注意，既要达到含水层，又要不穿过浸透率很低的泥砾或冰川黏土层。在做大型水库的清基工作、大型建筑物的奠基工作等的时候，对冰川沉积物的存在与否，绝对不允许粗心大意。

山谷冰川，经常起一种研磨的作用，这种研磨作用，就是产生冰川泥砾中的黏泥（又名黏土）的方式。在岩石受到研磨的过程中，一部分磨成黏土，一部分较硬和较重的岩石或矿物的颗粒，例如金刚石、黄金、钨、锡矿物之类，由于冰川底下细水长流的淘洗，被分选出来，而停积在较为低洼或受到掩护的地点。我国有许多砂金产地，是第四纪冰流经过的故道。这样，只要我们认识冰川经过的故道，我们就有了线索去寻找有用的沙矿的所在和产生那些沙矿的发源地。（结论：研究第四纪冰川的故道，对我们寻找贵金属和矿产资源的分布情况具有现实的指导意义。）

二、晚古生代的大冰期

晚古生代的大冰期，也有几次，主要的一次发生在石炭—二叠纪时期。受这次冰期影响的范围，主要是在南半球；而在北半球，除了印度以外，到现在为止，还没有找到任何可靠的遗迹。

在南半球，这个时代冰流分布的范围，有非洲的许多地区，例如金伯利地区、德兰士瓦以及从西南非到纳塔尔、安哥拉等地。在非洲中央地区和坦噶尼喀、乌干达、肯尼亚等地，都有石炭—二叠纪时代冰流擦痕和冰碛物的存在。最近，还有人在马达加斯加南部，发现了这个时代的冰川遗迹。在澳大利亚，在新南威尔士，有很明显的早二叠世和石炭—二叠纪的冰川遗迹，一共可以分为6个亚冰期；在维多利亚，可以分为11个；在塔斯马尼亚可以分为5个亚冰期。这些亚冰期之间，都有沉积物（如纹泥）代表间冰期。在澳大利亚南部，冰流的擦痕极为显著，并有巨大的冰川漂砾伴随，这些漂砾，是由400余千米以外的北部地区运送而来的。澳大利亚东南部的上古生代冰碛物，分为两大层：一层属于晚石炭世时代；另一层属于中二叠纪时代。其间夹有可供开采的煤层，煤层中所含的植物化石，表示当时的气温属于温带，而不是热带。

南美洲上古生代的冰川活动，比非洲以及澳大利亚、印度等地区较早，可以明显地分为两个亚冰期，较古的亚冰期，在阿根廷西北部留下了遗迹，时代属于早石炭世。在南美洲东部，较晚的冰期，出现于中石炭世乃至晚石炭世。冰碛层以上，接着由煤层覆盖，这些较晚的冰碛层，从布宜诺斯艾利斯到乌拉圭再往北去，它在巴西分布很广，确是冰碛层和间冰期的沉积物，在圣保罗附近厚度达1000米以上。当时，主冰流好像是来自现在的南大西洋方面，福克兰岛（阿根廷称马尔维纳斯群岛，英国称福克兰群岛；属英阿争议领土，简称马岛。位于阿根廷南端以东的南大西洋水域）完全由当时的冰流所覆盖。还有些人认为，在这些冰碛层中的巨大漂砾，在南美洲找不到来源，而在非洲的西部却有和它们岩性很相类似的岩层，直到现在，还没有得到确实的证据。

［把印度和南半球各个地区发生的冰期综合起来看，可以分为三个时期：最早的一个时期，发生在早石炭世阿根廷的西北部，大约在3.2亿年以前；下一个时期，冰流分布的范围比较广泛，包括南美洲、澳大利亚南部、印度和非洲，在现今赤道以南的广大地区；最后一个时期，仅仅影响了澳大利亚的东部，这是在二叠纪时代，大约在2.6亿年以前。］❶

这三个时期，相隔那么久，如若把它们之间的时代，当作间冰期看待，似乎是不大相宜的。

上古生代发生的三次冰期，应该如何解释，至今还是一个谜。［有人认为，当时南非、印度、澳大利亚、南美洲和南极大陆连在一起，形成了所谓冈瓦纳大陆，而当时地球赤道的地位和它现今的也不相同。］❷这一种看法是在当今地壳运动问题的激烈论战中产生

的，当然，问题还没有解决。

三、震旦纪大冰期

震旦纪冰期的遗迹，在我国出现的地点不少。其中湖北宜昌三峡上游的南沱，露出了典型的冰碛层，是比较著名的。此外，在黔东、湘西、云南等地都有遗迹。西北欧也有些地方出现了古老的冰碛层，例如挪威、斯匹次卑尔、格陵兰东部、法国的诺曼底地区，还有芬兰。在这些地区出现的最古老的冰碛层，以挪威发现最早，在那里冰碛层和它以上的寒武系底部相隔不远，因为有些人误认为那个冰碛层时代属于寒武纪初期。在中国南沱冰碛层的上面还覆盖着很厚的震旦纪地层，而在寒武纪地层内，并未发现冰碛层。这样，西北欧那个前寒武纪的冰碛层，很可能是和中国震旦纪冰碛层相当的。当然，在震旦纪时代，也可能有几个冰碛层。即使是这样，它们都不可能属于寒武纪。

震旦纪的冰碛层，在南半球发育得比较好。在南非保存下来的遗迹，单从它们分布的情况来看，是不亚于上古生代的大冰期。在澳大利亚，震旦纪的冰期可以分为两期，其中较新的一期，在澳大利亚中部的一带山脉发育极好。这个冰期同非洲加丹加冰期大约相当，大约是在6亿～7亿年前发生的。较老的一个冰期，在德兰士瓦等地区发育得比较好，这个较老的冰期，可能不属于震旦纪，因为根据同位素鉴定，它发生的时代，大约在18亿～22亿年前。

还有些迹象显示，在南半球如德兰士瓦，在北半球如北美洲的密歇根等地，在变质岩中，保存了一些遗迹。其中年代大约在25亿～26亿年以前。这样老的冰期，肯定是不属于震旦纪的。是不是在26.4万年前还有冰期？这是研究地壳构成的初期，有关地面温度的大问题。对这个问题，还待冰川工作者进一步探讨。（对震旦纪冰期的疑难问题存而不论，体现了作者严谨务实的科学态度。）

四、关于冰川起源的一些论点

地球表面之所以发生大规模冰流现象，有种种不同的意见。其中比较重要的有下面几种看法：

（1）由于太阳辐射热减少，以致全球表面平均温度下降；太阳辐射热增加，地球表面温度也就随着变暖。这种太阳辐射热增减的幅度并不需要很大，就可以产生冰期和或温暖或炎热的气候条件。

（2）大陆上升，气温下降，积雪扩大，与之相应，形成了广泛的冰流或冰盖。

（3）由于地球轨道的形状、地球自转轴对黄道平面倾斜角的改变和春秋推移现象的影响，地球接受太阳的热的总量和南北两半球接受的热量也因而改变，以致产生气候的变化，特别是南北两半球的气候差别。

（4）银河系旋转周期变更的影响。

（5）由于大陆漂流运动，在不同的地质时期，各个大陆块对当时两极和赤道的位置各有不同。每一个时期，各大陆块接近两极的部分，就成为冰盖形成的策源地。

（6）由于大气层组成的条件变化，例如有时大气含水蒸气、二氧化碳和微尘、粒子特多，就会在一定程度上妨碍太阳热直达地面，尤其是水蒸气特多的时候，大约有70%由太阳送来的热反射到空中去了，这样地面的温度就会降低。

还有其他的一些论点。

现在，我们看一看上面提出的几个比较重要的论点，究竟是否与地球长期以来发生了冰川活动的事实相符。（过渡段。针对前文提出的几个论点逐一进行分析，文章显得过渡自然。）

第一，太阳辐射热变化的论点，除了太阳黑子（太阳表面的气体旋涡，因温度较周围区域低，从地球上看上去，好似太阳表面上的黑斑，故名太阳黑子，也叫日斑。太阳黑子有很强的磁场，出现时地球往往发生磁暴和电离层扰动）有一定的周期出现，因而轻微地影响地面的气候以外，没有发现任何可靠的理由来说明在地球漫长的历史时期，太阳在有周期或无周期地大量增减它的辐射热。

第二，大陆上升，当然会使大陆上升部分的气候变得更为寒冷。例如，有人认为，中国，特别是中国东部以及西伯利亚太平洋沿岸地区，在第四纪时代，平均高度可能达到海拔2000米以上。又如，在石炭纪与二叠纪时代，在印度半岛的中部，也是高原或高山地区，以致成为一个冰盖结集的中心，冰流向周围的地区流溢等。从这个论点出发，又向前推进一步，有些人认为，一次强烈的地壳运动，特别是造山运动的时代以后，就会来一次大冰期。这个论点，就某些地区来说，是可以作为进一步探索的基础，但远不能与全部事实对应。

第三，我们知道，地球轴像陀螺轴摇摆的周期那样，有一定的摇摆周期，这个周期是2.6万年。地球轨道的偏心率变化，是9.2万年一个周期。地轴对黄道平面的角差，现在是23° 30′，在21° 30′～24° 30′的限度内，（地球公转的轨道面和地球赤道面的夹角，叫黄赤交角，现通行数值约为23° 26′，其变化范围为22° 00′～24° 30′）一直经历着有周期的改变。这个周期是4万年。这些变化联合起来，就会使地球接受太阳的辐射热量发生变化，从而使地球表面的温度发生变化。有人使用这些变化数据的组合画出一条曲线，表示60万年以来（最近又有人把这个曲线延长到100万年以来）地球上温度的变化。从这条曲线中，他们认为可以看出，有一个长期的凉夏，以致在适当的纬度和高度的地区，冬天的积雪不致溶解而会形成永久的冰盖和冰流。又可以从曲线中看出，有几段较长的时期，即间冰期，夏季较热，以致冬季的积雪全部溶解了。这种解说，可以勉强说明第四纪的冰期和间冰期的存在，但对那些更古老的冰期，在时间上的分布，就不相符合。

第四，银河系的旋转，大约2亿年一个周期，这又和三大冰期以及更古老的冰期之间相隔的时间不符。

第五，如若把非洲、澳大利亚和南美洲向南挪动，靠近南极大陆，可以说明上古生代大冰期中，这些大陆南部都发生了冰期；但如果像有些人所主张的那样，还要把印度的北部从西藏底下抽出来，再把整个印度送到南极大陆附近去，从大陆构造的一般规律来看，是太玄妙了。

（"太玄妙"在修辞上属反语，作者认为这一观点不符合大陆构造的一般规律，因此不予采信。）

第六，大气层中的水气，主要是由陆地的水分和海水的蒸发而来的，也许可能有一小部分是由太阳发射质子向地球冲击，与大气上层的氧气遭遇而形成的。同时，在80余千米的高空中出现云层，构成这种云层的水分，其来源似乎与普通降雨的云层有所不同。大家知道，水是由氢和氧化合而成的，如若太阳发射质子轰击地球果真是事实，那么这种情况，在地球漫长的历史过程中，就不是时不时，而是会持续不断地出现。这样，大冰期就无时间性。那些大气层中的二氧化碳，主要是由生物供给的，小部分是由火山喷出来的。有人强调，过去火山爆发，从地球喷出大量的二氧化碳，给了生物滋生的条件，形成了例如石炭纪与二叠纪的煤层。但是，从地质上找不出这种迹象。因此，这个论点是不能成立的。

宇宙微尘粒子存在于天空中，确是事实，在大洋底某些地方的一层极薄的红泥中，有一极小组成部分，来自宇宙空间，但它的降落不是时多时少或具有间歇性的，而是具有经常性的；也很难设想，在冰期时代，由宇宙空间忽然来了大量的宇宙微尘，以致大气层遮断太阳辐射热的作用，发生了巨大的变化。

看来，这些论点都不能解释冰期的出现。冰期有时间性，但没有一定的周期。现在看来，冰期究竟是怎样产生的这个问题还没有得到解决。（下结论。作者对上文的论点一一批驳，认为冰期的产生原因还有待研究。）

有人从海洋方面，获得了海水和气温有关的一些现象，有些人对气温和海水的温度，从古生物方面获得了一些有关的"证据"，这主要是根据孢粉和古代植物的残迹以及氧16和氧18两种同位素成分对比的鉴定，得出了比较可靠的结论。通过这些方法所获得的结果是：在侏罗纪时代，某种海生碳酸盐介壳中所含的氧同位素的比例，证明在侏罗纪时代全世界海水的温度是比较温暖的，到了白垩纪时代，平均温度稍低，但还没有降到结冰的程度。这样看来，海水在侏罗纪以来囤积了大量的热，估计至少在最近5000万年的时期是这样。但是，到白垩纪的后期，海水的温度逐渐降低，到了第三纪的时候，还在继续下降。在太平洋底采取的有孔虫化石，从阿拉斯加、西伯利亚海底，一直到太平洋赤道附近的若干地点所取得的样品，都同样表示海底温度有继续下降的趋势。到第三纪的末期，太平洋海底的温度接近于0℃。这时候正是第四纪大冰期将要开始。这些事实，从海洋方面提出了一个新的问题：海水失掉热量，继续冷却，和第四纪大冰期的出现，究竟有无联系？（通过事实提出问题，自然过渡到对第四纪大冰期成因的讲述。）

对这个问题，多数人的意见是肯定的，并且有些人还提出了发展的过程。他们认为，在北极圈的范围以内，由于北冰洋周围四面都是大陆，仅仅在格陵兰和西北欧大陆之间与大西洋相通，在亚洲与美洲大陆之间，白令海峡可能也是通往太平洋的通道。北冰洋在这样一个半封锁的情况下，其洋面由于缺乏潮流的循环，它的表面就比较容易结冰，一旦结了冰，冰面对反射太阳热的作用，就必然加强。这样它下面的海水，就形成一股冰流向大西洋和太平洋方面流去，使得大西洋和太平洋北部的海水逐渐变冷。这样下去，在这两个海洋北部邻近的地区，就创造了形成大规模的冰盖、冰流的必要条件：一是温度下降的程度和范围逐步扩大；二是有两个海洋供给充分的水分，使大陆上得到充分的降雪量。

按这样一个发展的过程来说，第四纪的大冰期，在北半球是由冻结了的北冰洋、格陵兰及其他邻近北冰洋、北太平洋、北大西洋地区开始的。这个推断，大体上与事实相符。在南半球，因为有一个南极大陆，四面为大洋所围绕，在那里形成大规模冰流、冰盖的上述两个条件早已存在，因此大冰期在南极大陆的开始应该更早一些。事实上，在格雷厄姆（南极半岛）早已发现了第三纪初期即始新世的冰碛物。这就更进一步加强了上述对第四纪大冰期发展过程的推断。

这样一个第四纪大冰期发展的过程，是不是无穷无尽继续往前发展？不是的。一个有趣的自然现象就在这里，当冰盖和冰流扩大了它们的范围后，必然引起冷而干的气流向外扩散，以致冰前的海域和地区温度继续降低，降雪量减少，由于缺乏给养，冰盖和冰流就不得不后退，就是说，冰盖和冰流的发展达到一定的程度，就会产生消灭它自己的倾

❶ 在篇末，作者明确表达了写作宗旨，同时对整篇文章的思路进行了梳理。

❷ 本文内容庞杂，论点较多，即使对地质爱好者来说，也不易掌握，故作者在篇末进行了总结，使读者能清晰明确地掌握文章的内容梗概，了解作者的基本观点和主张。

向。自然界有不少的事例，表明由于它自己的发展而归于消灭。因此，上述论点，可以说是符合自然辩证法的。（"由个别到一般"的论证方法，指出冰期的消亡也符合自然辩证法的规律。）

地球上有许多局部地区，在不同的地质时代，发生过局部冰流泛滥的现象。这些由于局部的地质、地理条件所引起的冰流泛滥现象，与全球性或地球上广大面积陷入冰天雪地的景象意义迥然不同，那种局部发生冰盖或冰流的原因，应该从它们发生的地区和时代的古地理、古气候以及当时、当地的地质条件中去寻找，而大冰期的来临必然影响全球，是地球发展史中不可忽视的一件大事。

[本篇撇开了局部冰流泛滥的问题，仅就大冰期的出现汇集了一些有关的资料和论点，其目的是企图阐明地球作为一个整体，在这一方面——主要是气候方面的经历，与它在其他方面的经历做个对比，以便寻求地球全部的历史发展过程。]❶遗憾的是，在这一方面我们获得的成果还是很有限的，还有大量的工作有待于今后的努力。

[为了总结经验，删去烦琐，现在把本篇中提出的一些重大问题，归纳为以下几点：]❷

（1）地球存在的漫长历史过程中，反复经过几次大冰期，其中最近的三期都具有全球性的意义，时期也比较确定。这三期就是第四纪大冰期、晚古生代大冰期和震旦纪大冰期。震旦纪以前，还有过大冰期的反复来临，但时代不大明确，证据有时也不大清楚。

（2）每一次大冰期中，都有冰盖和冰流扩展和收缩或消失的现象相间，分为几个亚冰期和间冰期。亚冰期是气候寒冷，降雪较多，冰层积累较厚，冰盖和冰流扩展的时期；而间冰期是气候温暖甚至炎热的时期，在间冰期中，冰盖和冰流收缩，甚至大部分消失。

（3）在三大冰期的时期，都有生物存在。虽然在震旦纪时代，只见有原始藻类繁殖的遗迹，而其后发生的两大冰期时代，都有高级生物继续生存，这就证明冰期时代，地球表面温度下降的幅度，并未大到使生物全部灭亡的程度。

（4）第四纪和震旦纪大冰期都是全球性的。但晚古生代的大冰期，普遍影响了南半球；在北半球，只在印度留有遗迹，而印度，有些人认为是从南半球漂流来的。

（5）最后三大冰期，显示出规律性不强的周期性，每两次大冰期之间，相隔2.5亿～3.5亿年。似乎有一种倾向，越古老的冰期，相隔时间越长。

（6）冰期的起源，看来是由一些非周期性的因素和一些周期性的因素复合起来而决定的。在这一方面，还有待于投入大量探索性的工作，才能得出最后的结论。（以开放性的话题结尾。冰期的起源，迄今仍是一个未解之谜。因为研究不够深入，缺乏充足的事实和相关的理论支撑，所以作者没有对冰期的成因妄下结论，体现了一名自然科学工作者实事求是、严谨审慎的治学态度。）

名师赏析 / MINGSHI SHANGXI

　　本文选自1972年9月由科学出版社出版的《天文、地质、古生物资料摘要（初稿）》的《三大冰期》一节。在地球存在的漫长历史过程中，距今最近的三大冰期具有全球性的意义。这三大冰期即第四纪大冰期、晚古生代大冰期和震旦纪大冰期。作者对三大冰期进行了较为详细具体的介绍，并针对大冰期的出现汇集了一些有关的资料和论点，旨在阐明地球是一个整体，通过气候方面的经历与其他方面的经历做对比，以便寻求地球的历史发展过程。其中，作者针对中国是否存在第四纪冰期的问题提出了自己的观点，体现了一名自然科学工作者勇于探索、打破砂锅问到底的治学精神。

● 好词好句 ·····························

激烈　繁盛　严峻　所谓　死抱　混乱　掩盖　遗留
不可避免　残破不堪　埋没　泛滥　难以磨灭　脱离实际
激烈论战　策源地　持续不断　迥然不同　不可忽视

　　生物的遗迹也证明了中国在第四纪时代有冰期和间冰期存在，但是有些外国"专家"，只愿意指出热带或温带动物的存在，而闭口不谈寒冷动物的大批发现。

● 延伸思考 ·····························

1.这篇文章主要讲述了哪三大冰期？

2.请你简述一下文中提到的"关于冰川起源的一些论点"。

3."我国地质、地理工作者，对我国地质时代有无大冰期的问题，还没有达成一致的认识。"作者对这一问题持何种意见？请你寻找相关的资料，对这一问题进行初步探索。

中国地势浅说

本书讨论的问题，是中国地势的沿革。与中国疆域的沿革以及中国内部政治区域的沿革，是截然两道。疆域的沿革、政治区域的沿革，是人类发生以后的事——是人类有了政治的组织以后的事，所以这些问题，当然归历史学家研究。至若我们现在的问题，包括人类发生以前或人类在极幼稚时代——那就是与猴子时代相距不远的旧石器（Palaeolithic）、新石器（Neolithic）时代，在我们现在所谓中国的这一块地域里的海陆陵谷之变迁以及气候之更迭等事实。总括这些变迁，似乎应有一个专门语，在未得妥当的名词以前，我现在试称为地势的沿革。那就是地质史的一个方面。研究这个问题，不待言是我们地质学家的事。（开篇释题。用诠释的方法引出了本文的论题，强调"地势的沿革"是地质学家的研究课题，而不是历史学家研究的课题。）

欧美各国的地质学家，关于他们本国地势的沿革，多少都有点研究。联合参详各处研究的结果，我们今天才知道我们人类的祖先还未到这个世界以前，世界上已经有了许久许多的沧桑之变。然而关于我们中国这一大块地皮，除了几个好事的、冒险的欧美人外，竟然没有多少人过问。我们现在关于我们自己国里地势的变迁的知识，大半是由这些冒险家得来的。他们对于学术上既然有如是的贡献，现在我乘这个机会，把他们几位的名字举出来，聊以表示我们感谢的意思。

1862～1865年，美国的庞佩利(R. Pumpelly)可算得是头一个地质学家到中国来研究地质。他所研究的地域，大半限于满洲、蒙古及其他东北各省。三年后，德国的李希霍芬（F. V. Richthofen）就到中国来着手他的毕生事业。与李希霍芬前后同时有戴卫(A. David)，他曾到过蒙古、江西，并横断秦岭东部；又有金斯米尔（T. W. Kingsmill），曾在长江流域调查；又有比克莫尔（A. S. Bickmore），曾由广东走到汉口。他们虽然多少各有点贡献，然而与李希霍芬却不可同日语。

1877～1880年，奥国的洛克齐（L. Loczy）随着施曾彝(Széchenyi)的科学调查队，由长江下游穿过秦岭，入甘肃，沿南山（即祁连山）东北麓进行，转折经过四川北部、西部，再由云南的西部而到缅甸。当时内地风气不开，地方自然不免有仇外的情形。据云洛克齐曾经过种种困难。再数年后，有俄国地质学家奥勃鲁契夫（V. A. Obruchov）往来于南山数次，并历四川北部及蒙古等处。1898年，福德勒（K. Futterer）由新疆穿过沙漠，复由甘肃过秦岭，出长江下游。其采集的材料颇为可观，惜未加以详细的分析和编纂。其余若林斯（F. Leprince Ringnet），若罗伦斯（Th. Lorenz），若福格尔桑（K. Vogelsang），对于中国东北部及川鄂毗连各属，均各有研究，尤以罗伦斯在山东调查研究之结果，在地层学上最为重要。

当这些学者在那里做断断续续的调查研究的时候，李希霍芬发表了许多关于中国地质的论文，并陆续刊发他的名著《中国》（China）。这一部书，一直到今天，总算是关于中国地质的最重要的著作，可惜书未写完而本人已去世了。（呼应前文，强调李希霍芬的著作对中国地质学的奠基作用，其意义重大，影响深远。）1903年，美国地质学家威利斯（Bailey Willis）和布莱克威尔德（E. Blackwelder）受卡内基学院

（Carnegie Institute）的委任，来中国调查地质。他们在中国待了不过五个月，曾到山东、辽东，又由河北南部入山西东部，经过唐县、五台、忻州、太原、西安，复由西安穿过秦岭，经过川东鄂西诸属，至宜昌终止。他们此次研究的成绩，以他们所费的时间而论，可算得不少。

至若中国西南各省地质的情形，大半是由法国人考察出来的。最初有湄公河的调查队。继以雷克勒（Leclère）及雷当诺（Lantenois）的调查队。1910年，戴普勒（J. Depart）对于云南东部的地质，似乎费了一番力量，外间对于戴普勒之为人，虽有种种物议（指众人的批评），然而他所编的报告，究竟未可一概轻视。

近二十年来，日本人对于中国的地质，往往有所著述，其中以横山、矢部、后藤、早坂、小野诸氏著作较多。他们的著作，大都在东京帝国大学理科报告。我们可在日本地质学杂志、地质学报及其他一二大学的报告中，寻出他们的著作。这都是不乏有价值的东西。

以中国人研究中国地质而有成绩可考者，就我所知，自丁文江、翁文灏、章鸿钊三先生始。自北京地质调查所成立以来，我们关于中国地质的知识，大有日新月异之势。但是我们中国的面积，如此之大，考察出来的结果，如此之少，要想讲讲中国地势的沿革，谈何容易。所以我们现在所能讨论的，只是一个简而又简的概略。至于详细的情形、确实的证据及还有许多其他方面，则不能不待我们自己发奋有为，到各处观察，仔细研究。（诠释论题中的"浅说"二字，指出这并非出于作者的谦虚之辞，而是反映了中国地质学界对"中国地势的沿革"这一课题缺乏研究、考察结果有限的现状。）

可以供我们讨论的材料的来源，大致如此。现在我们应当进一步划定讨论的范围，那就是我们所讨论的地势沿革应从什么时代起。（前一句是对上文的总结：中国地势研究的材料来源有哪些。后一句开启下文：讨论中国地势的起始时代。）据数十百年来地质学家的观察，我们现在视为千古不变的山川岩石，无一时一刻不在变更。不过变得极慢，所以大家都不知不觉。又据种种地质学上的事实，我们敢断言地面变更的情形，在人类未发生以前，有许久的时间与我们现在目击的变更，无论就种类而论，或程度而论，无极大的差异。这就是匀和的学说，创于莱伊尔(Charles Lyell)。我们谈地质史最重要的根据，就在这个原则的身上。然则我们现在不能不问：这种匀和的变更是无始无终的，抑或是到了一定过去的时代匀和的原则就不能适用了？如若从今日起，向过去推去，推到一定的时代，当时变更的结果与现今截然不同。那时致变更的原因亦必不同。那是匀和的变更，在地球上从那时才开始。我们地质学家考究一地的地质史，也只好从那时起。比喻历史学家考究一国一民族的历史，只好从那一国一民族初有历史的记录那一天起。（将地质学家考究地质史与历史学家考究历史进行类比，使读者更易理解。）

　　关于匀和说适用的范围，自莱伊尔以后，学者主张颇不一致。极端主张匀和者，以为递积岩（即沉积岩）初发生的时候，就是匀和的变化开始的时候。这种主张，不过是一个主张，我们颇难判决它的是非，也不必判决它的是非。

　　古生物学家和地质学家依古代生物继承的情形及古代地壳极显著的鼓动，将海陆划分以后，直至今日，地球所历的时间，分为若干时代。正如历史学家将中国历史分为若干朝代一般。（打比方的说明方法。作者将古生物学家和地质学家所研究的地质时代比作历史学家所研究的朝代，这个比喻贴近生活，使读者更易于理解这个概念。）学地质学的人大概都知道的，这些地质时代如下表所示。（列图表的说明方法，使读者对地质时代的概念一目了然。）

时代名目		距现今的年数（以百万为单位）
新生世	最新（Pleistocene）	约1.0
	更新（Pliocene）	约2.5
	次新（Miocene）	约6.3
	少新（Oligocene）	约8.4
	初新（Eocene）	约30.8
中生世	枯烈纪（Gretaceous）	——
	侏罗纪（Jurassic）	——
	三叠纪（Triassic）	——
古生世	二叠纪（Permian）	——
	葭蓬纪（Carboniferous）	约146
	泥盆纪（Devonian）	——
	志留纪（Silurian）	——
	奥陶纪（Ordovician）	约209
	寒武纪（Cambrian）	——
	亚尔艮纪（Algonkian）	——
	玄古（Archaean）	710

在学过地质学的人看起来，有时代的名目便够了，然而未曾学过地质学的人看了这些名词，如未学历史的人看了周宣王时代、罗马恺撒（Caesar）时代等名目一样，没有什么意义，所以我把这些时代到今天大概的年数举出来。这些数目,是从含放射元素的矿物推算出来的，并不可靠。所以列入表中，不过借以表明年代之长。上所列的各时代，都有特别的岩层及生物群为代表，最要紧是上面各时代的次序。我们人类初发生的时期，现在虽不能十分断定，然顶古也不能过"更新"期。新生世之初，才有哺乳动物发生，二叠纪时鸟始生，志留纪时鱼始生，寒武纪初组织较完全的动物如三叶腕足类、珊瑚类始出现；而以三叶为最盛。寒武纪以前，亦当有初级的生物生存于世。然而留下的遗迹极少。这是

生物学上、地质学上极有趣的一个问题，而在中国北方研究要算正好，因为中国北方寒武纪以前的岩石极为发育，并且有一部分未曾遭甚大的变更，如藏有化石，不难详考它的形状。

就我们现在地质学上的知识判断，匀和的变更，至迟也必不在亚尔艮纪（地质年代名称，今译震旦纪）以后。那么，我们现在讨论的范围，无妨就从亚尔艮纪的末造起。

范围既定，关于我们研究的方法，讨论的根据，不能不略加解释。我有一位同事，他曾教授人类学，有一天他正好老老实实地把历史以前的人类的生活状态说了一番，说完了，有一位听讲的起来质问他，说："我们知道历史的事实，因为有史册记载可凭。你所说的历史以前的人类生活状态，既无记载可据，你何以知道？你的话我都不信！"我那一位同事生了气，以为这个人对于学术太无信仰，不足与之谈。我却以为那一位质问的先生倒很有道理，我们如若将他的疑问稍加以分析，我们就知道他的用意是要问用什么方法，有什么根据，使我们知道历史以前的人类的生活状态。现在我们在讨论中国地势的沿革以前，似乎也应当把我们的方法说出来；并且同时把我们的根据撮要（摘取要点）地摆出来。即令我们的推论结案不对，我们所举的事实还是事实。那些事实总是有用的。

［讲地质学的人都知道一个老比喻。那就是我们脚踏的地层，好像是一册书，一层就是书的一页，书中有文字图画描写事实。］ 地层由种种岩质造成，并有时夹着生物的遗体。我们知道现在地球上某样的地域，常有某种的岩石堆积成层。所以从过去时代所造成各地层质料的性质，我们可以推测当时岩层停积之处为何项地域，或为湖沼，或为河床，或为海湾，或为深洋。岩层中所夹的化石不独表示岩层生成之年

代，并且有时亦能表示其生成的地域，因为大洋的生物群、浅海的生物群、咸水中的生物群、淡水中的生物群，各有特象。地质学家所当研究的，就是这些事。诸如此类，数不胜数。[我现在不过举一二最显著之点，以求见信于非地质学家而抱怀疑态度的人。不怀疑不能见真理。所以我很希望大家都取一种怀疑的态度，不要为已成的学说压倒。] ❷

现在我可以上题讲中国地势的沿革了。头一件我们当注意的事，就是中国的地质构造可分为南北两部。秦岭山脉为天然的界限。秦岭以北称为北部；秦岭以南称为南部。中国南部地层的构造较为复杂，所以我们知道中国南方地势的变迁较为复杂；北方构造除西北一隅外，极为简单，所以我们知道北部海陆的变迁颇为简单。

玄古的岩石在中国北方露头（地质学名词，指地层、岩体、矿体、地下水、天然气等出露于地表的部分）甚多，在山东东部、满洲尤著。内蒙古、山西、河北各处都有露头。此项最古的岩石，威利斯和布莱克威尔德称为泰山杂岩。因为造成泰山的岩石，据布莱克威尔德的观察，都是属于这一类。泰山杂岩中夹着许多片麻岩。那些片麻岩，也许是砂泥质的变形。假若它们果真是砂泥质的变形，那是在玄古的时代海陆早已划分，种种地质的变更，已经照常进行，但是它们原来是否砂泥，还在未定之天（比喻事情还没有着落，或还没有决定）。即令是砂泥等质，即令它们足以表示玄古时代侵蚀的作用，然而那泰山杂岩中的各项岩石，都经过剧变，杂乱无章，由某种岩石的分配而断定当时海陆的分配，是绝对做不到的事，所以玄古时代中国的地势的问题，我们现在尽可不必做无谓的讨论。以前所定讨论的范围，就研究的方法看来，实在是不得已而划定的。

名师赏析 /MINGSHI SHANGXI

　　1922年2月5日，李四光应北京大学地质研究会之邀在北大二院做了《中国地势之沿革》的演讲。后来，此演讲全文被商务印书馆整理成书（《中国地势变迁小史》）出版，本文为其绪言部分。作者详细阐述了中国地势概念以及中国地势的材料来源、研究范围、研究方法。因为这一课题存在不少研究空白，而且有许多问题需要解决，所以作者特别提出了一种质疑精神——"不怀疑不能见真理。"可见，大胆怀疑是获得真理的途径。中国古语说："学贵有疑，小疑则小进，大疑则大进。"宇宙之大，事物之烦杂，无不充满着数不清的疑问。一部中国地质史，它的诞生、成长以及发展的过程，实质上就是一个不断释疑解惑的过程。科学研究工作永远是在释疑解惑中获得发展、获得前进的。李四光所倡导的质疑精神，无疑鼓舞了中国地质学者的研究士气，为中国地质学的发展指明了方向。

● 好词好句

沧桑之变　断断续续　一概轻视　日新月异　谈何容易

奋发有为　大致如此　千古不变　不知不觉　无始无终
老老实实　未定之天

古生物学家和地质学家依古代生物继承的情形及古代地壳极显著的鼓动，将海陆划分以后，直至今日，地球所历的时间，分为若干时代。正如历史学家将中国历史分为若干朝代一般。

讲地质学的人都知道一个老比喻。那就是我们脚踏的地层，好像是一册书，一层就是书的一页，书中有文字图画描写事实。

不怀疑不能见真理。所以我很希望大家都取一种怀疑的态度，不要为已成的学说压倒。

● **延伸思考**

1.第一个到中国研究地质的地质学家是谁？

2.谁创立了匀和之说？其主要观点是什么？

3.对于外国地质学家在中国的研究活动，作者逐一进行了简明扼要的介绍。其中，哪些外国地质学家的研究活动得到了作者的肯定和赞许？

侏罗纪以后中国的地势

　　侏罗纪以后，一直到今天，在中国所生的地层极不完全。（文章的总起句，"地层极不完全"是从侏罗纪至今中国地势的基本特征。）就是那枯烈时代（一名白垩时代），欧洲的海里造了几千尺厚的石灰岩和白垩。然而中国除四川赤盆中，多少有点淡水停积物以为这个时代之纪念以外，从未闻有何项枯烈纪的层岩。就现在我们的知识判断，中国本部绝无那时的海洋停积物可寻。

　　至若新生世的停积物，在中国已经发现的共有几种。（分类别，使读者对新生世中国大地上的停积物类别一目了然。）那就是：（1）含煤层的泥砂岩。辽河流域，朝阳抚顺等处的煤层有大部分属于这个时代。云南、蒙古等处的也是属于这个时代。（2）红砂岩。这种砂岩不独遍布于长江各省，就是北至甘肃、蒙古，南至广东，都有它的代表。这里边发现了许多哺乳动物的化石。中国人向来把这些化石当药品用，巧名之曰龙骨龙齿。据许洛塞（Schlosser）（德国古生物学家，一译"施洛塞尔"）、孔庚（Koken）（德国古生物学家，一译"寇肯"）诸氏的研究，这些龙骨龙齿，大半都是"更新"期的生物遗骸。有时也有"最新"期的生物遗骸。（3）瀚海层分布于蒙古、新疆、甘肃各处。（4）湖沼停积，戴普拉（法国地质学家）曾在云南东部，安特生（Andersson）（瑞典地质学家、考古学家）曾在山西南部（垣曲）遇见这种岩层。（5）汶河砾岩。布莱克威尔德曾遇见这种岩石于山东的汶河流域及河北的宁山盆地。（6）黄土。遍布于秦岭以北。除以上所举的几种停积物以外，还有大堆的火山爆烈物，张家口外的火山岩流，就是最著的。

自从侏罗纪的末期中国的地盘隆起后，中国已经成了一个大陆国，南北虽都有内海以及湖沼，然而都不甚深。地形平均甚高，所以侵蚀的力量甚烈。久之侏罗纪末期所造的山岳，如秦岭等，渐渐失却了崎岖之象，那时中国全国，可算得一个高原。一直到初新生的末期，中国还是一个高原，当然高原上有河流湖沼。

到新生世的中期——大约是"次新"的时代，世界又发生了地势大革命。欧洲发生了阿尔卑斯山脉，其影响及于全欧。亚洲发生了喜马拉雅，中国的本部，发生两条山脉，并驾齐驱。这两条山脉，就是我们今天所看见的秦岭、南岭。因为这两条山脉发生，几条大河随着发生。到这时候，黄河、长江、西江的流域已经大概定了——那就是与现在差不多了。此次变动，大概是由南方来的，因为此所造的山脉，大概都是由西至东。这回革命影响之远大，绝不亚于泥盆纪初的喀道利呢大陆改造、煤纪中的赫辛尼大陆改造。

此次变动的结果，不仅是地面山川的改造，就是内部的地层也生了许多很大的裂缝；并且有许多地盘陷落。（过渡句。作者强调此次地势变动既完成了对中国地面山川的改造，也极大地推动了地下的地质运动。）于是火山爆裂，岩汁迸出。蒙古南部，展眼数千百里，都是一片焦灼之象，辽河以东，东南海岸各处，时时亦有岩汁火灰喷出。不独中国如斯，就是西北欧，由英国西北部一直到冰岛(Iceland)，也是火焰不熄。地力的运行，可谓极一时之盛。

经这次剧变之后，中国的风景迥不如故。北方除了几个浅湖以外，都是平原或高原，南方山环水曲，森林遍地。所以性好原野的动物如马类（Hipparion）都来栖息于北方；而性好卑湿、森林的动物，如鹿豕之类，繁殖于南方。据许洛塞的研究，它们的祖宗也许是由北美来的。

地上的变更，不遑宁息，新造的高山渐被摧残。所生砂土，都转到附近的湖沼或海湾里去。于是红色砂岩发生。到了"更新"期的末造，世界的气候慢慢地变冷，北美、北欧，雨雪较多的地方，成了一个漫天漫地的冰雪世界。中国那时的气候如何，颇难断言。据我去年发现的几件事实推测起来，中国的气候也应是极冷，北部并有冰川流动，但是这个问题究竟如何，还待一番研究。（作者对"更新"期中国的气候提出了自己的推测，其态度审慎，体现了严谨求实的学术作风。）

自从冰期以后，人类渐渐进步，在生物中称雄。因为中国北部的海渐渐枯竭，气候渐渐变干，风吹尘土，转扬几千百里。于是秦岭以北，大部分渐埋没于黄土之下。这种黄土，今天还在转移生长。

新生世中期大革命以后，中国的地势并不十分安定。中部的秦岭，恐怕还是继续地隆起。因为长江在四川赤盆的东部向地势较高的地方流动，水只能往低处流，所以能穿过高地者，必是先有河流而后地面上升。河流侵蚀的速率，与地面上升的速率相等或较大，所以水能流过。其余还有许多同样的证据，表示地壳近世的变迁，现在我们不必一一详论。总观几万万年的历史，我们现在知道我们中国这一块地皮，并不是生来就是这样的，至少经过了几次大改革。（下结论。"几次大改革"的结论，反映了作者对中国地势历史发展脉络的精准把握。）我说大改革，仿佛给人一个骤起骤落的观念。这个观念是完全错了。我们要知道一两百万年，在地质学家心目中，只当寻常人心目中的一两天或一两月。地质学家的近世至少要与历史学家的"盘古"以前相当。所以就是过去时代有极快的变更，绝不是整个的山海忽然没见了。现在就有许多事实，表示我们现在所居的时代，就是一个地势大改革的时代，即此可想象过去大改革的情形如何。

我一场话虽然多少有点根据，然而不过给大家一个概念。可惜我们所知道的地层学上的事实太少，不能把我们的讨论弄得更有趣味，若是严格地讲起来，我们中国地势的历史还是黑暗的。要把这个过去黑暗的中国弄得大放光明，那是全赖我们大家将来的努力。（结尾发出号召。作者认为关于中国地势历史的研究前景是光明的，广大地质工作者在这一领域将大有可为。）

名师赏析 / MINGSHI SHANGXI

本文为1928年商务印书馆出版的《中国地势变迁小史》的第六部分《侏罗纪以后中国的地势》一文的节选。作者为我们简明扼要地讲述了侏罗纪之后中国地势变迁的基本知识，并指出这只是冰山一角，号召全体地质工作者对中国地势历史进行更深入全面的探索。广大青少年也应该不辜负老一代科学家的嘱托，认真学习科学文化知识，为祖国的发展贡献自己的力量。

● 好词好句

巧名　隆起　侵蚀　崎岖　并驾齐驱　展眼　焦灼　迥不如故
山环水曲　不遑　漫天漫地　称雄　骤起骤落　大放光明

● 延伸思考

1.在我国发现的新生世停积物，一共有哪几种？

2.中国的喜马拉雅山脉、秦岭和南岭，是在哪个地质时代形成的？

171

沧桑变化的解释

（前有删节）前几天在到彭公庙的路上，遇到一位老者问我们做什么。我说是看看地。他问："地下有宝吗？"我说："或者有或者没有。"他又问："能看好深？"这句话骤听起来，似乎可笑，然而实际含着精微的哲理。我们为什么要看东西？是要得到认识，认识愈真切，便是看得愈深。譬如我们平日看到好多东西，就说这个花木，如花是红的，叶是绿的。或者看见朋友，认识他或不认识他，实际上我们看到的对象，我们以为认识他，认真点说我们只认识他的外表，事实上未必认识他的本质。就认识的朋友而言，我们未必认识他的人格，他的个性。夫妇之间算是最亲密，亦有时彼此不认识心性。又如房屋，只认识其轮廓，实际内容如何，尚不得知。刚才老人的话，看起来很普通，其实很有道理。看地质的人，就是想往里看，往深看。然而究竟能看好深，便要问地质科学进展之程度和看者个人的造诣。（一语双关。老人的一句问话，引发了作者对地质学工作本质的深刻思考。）

地质学探讨的问题，大致可以说，是探讨沧海桑田的变化是桩什么事？沧桑变化是一段神话，似为无稽之谈，研究地质以后，才知道有相当的道理，才能做一个解答。（扣题。从"沧海桑田"的神话，自然联想到地质学探讨的问题，给人一种新鲜感，能够引发人们对地质学产生兴趣。）即在地质学发达程序看起来，沧桑之变化是研究得比较早的。

［在中国宋朝的朱熹就有研究。看朱子语录，他说，你在山上石中时常可发现介类，如螺蛳蚌蛤，这都是生长在水中的，居然发现在高山上，包含着现在的高山有个时候当在水中意义。又说，好多山头有波纹状况，如水的波动，好像这山头是在水中造成的。这些话都算认识不差，朱子语录有这些话，足以证明沧桑变更之认识，朱子恐怕要算第一人，也就是世界上第一个地质学家。］❶ 前希腊的学者，对于地质只有片段的记载，既无事实证明，也没有具体的考察，所以朱子研究地质学，在世界上最早。朱子以后，为意大利人列奥纳多·达·芬奇(Leonardo da Vinci)，他是画家、音乐家，也是文学家，是15世纪的人，正当我元朝时候。他常到野外去，发现许多化石，他的研究比朱子还详细。此后讲地质学者，日渐增加。18世纪末，西欧文化日渐进步，就是现代科学的嚆矢（指响箭。因发射时声音先于箭而到，故常用来比喻事物的开端）。［18世纪末研究学术者甚多，有许多人研究地质学。他们研究的方法有两种：一条路是研究动植物的，另外一条路是研究矿物的。］❷ 因为石中有结晶体，如四方形、六方形、长方形以及其他多面形等，每种矿物结晶形，给予一个

名师导读 / MINGSHI DAODU

❶ 根据文献记载，南宋理学家朱熹不但观察到海陆变迁的现象，而且进行了生动的描述。可见，我国宋代学者对地质学已经有了初步的认识，这一认识领先于全世界，中华民族的勇于探索、好学求知的精神可见一斑。

❷ 18世纪末，是地质学的大发展时期。这里指出的两大研究方法，为后世的地质学研究开辟了道路。换言之，后来地质学两大流派的形成和学术观点的争鸣莫不肇始于此。

名称，逐渐发展为矿物学。研究动植物的人，虽然不都研究化石，然而化石就是生物的遗骸，在石中成形的。所以研究生物的演变，化石是不可少的。第一条路研究矿物的，直至现在还继续下去，不过方法更精明更进步罢了。第二条路研究化石的，经过许多阶段。这都是学术上的变迁，对于沧桑的认识，关系很大。这里也分为两大派：一为法国学者如居维叶(Cuvier)等生物学家。要知道古代生物成千累万，而埋在石中者，例如介壳类、有脊椎动物类，在石中所找得到，现今大都不生存，这是什么道理？居维叶以为地球上常有洪水发生，每次洪水均有极大的摧残与破坏，每经一次洪水，陆上生物死了个干净。再过一个时期，又发生一些新的生物，如是者若干次，所以说，古代生物与现代的生物不同，就是洪水的缘故。又一派主张生物逐渐演变，无需洪水，如英国学者达尔文(C. Darwin)等，就是这一派的中坚分子。如古代的小马巨象，其各部分逐渐变更的情形，大半都由化石中可以寻出，所以生物逐渐进化说得以成立。地质上的现象，逐渐演进，也因之渐形确定。此两派学者斗争至烈，到19世纪大家都知道居维叶的主张是不对的，而渐进说是对的，是合理的。（两派的理论之争说明"真理越辩越明"，人们对地质学领域"沧桑变化"的正确认知经历了漫长而曲折的过程。）

从矿物的方面出发，也有两派斗争：一派为英国人，重要者如赫顿(Hutton)等，其重要主张，为石头系火山爆发所致，如熔铁炉一样，石头在一千余摄氏度时大都熔化，到几百度便凝固了，这就是火成说。另一派为水成说。就是有如干土泥沙石，因水的冲洗停于湖海，经过若干年，渐成硬物而为石头。因为在水中，故成层次，一层一层的，重重叠叠。我们假想河流挟泥沙冲入海中，平平地积成一层，设若另外一次水冲来，又成一层，像这样经过若干次，便成层叠不穷厚大的石头，这就是水成说。主张水成说的是德国人，如维尔纳等。后来研究者根据事实，搜集证据的结果，证明水成说是对的。两派学者都均能解释沧桑变化一部分的缘故，就是一大部分是水成岩，一小部分是火成岩。现在已证明这是合于事实的。这两大重要学说经过事实证明，已属毫无疑问。

生物是逐渐进化的，岩石是大部分在水内成功的，小部分是火山喷发的，已成定论。掘地考古，果如老人之言，看入愈深，则认识得愈多，故可钻地成孔，向下看，越深越好。不过这太笨了，这笨法子实际并不能用，若在大海中，不是十分的困难吗？如岩石是一层层平铺的，在陆地上倒不成问题，是很简单的。事实上岩石并不是平铺的，而是褶皱的、倾倒的、错乱的。故勘查地质者，如此更为困难。解决的方法，就靠生物的方法，以生物之进化程序来决定某代有某生物，拿这方法来研究，还是不够。另一方面就要拿构造的方法来补充。譬如一部未装订的、错乱的、残缺不全的二十四史，整理的方法乃清理褶皱的把它一页一页拉平，另一方面就是按字索时，如有曹操字句者，入三国志；有朱温字样者，入五代史；或根据某一事实之记载入某史。此即根据化石的方法和地质构造的条理。做地质工作者正如是，地质学之方式亦如此。（打比方的说明方法。作者用整理错乱、残破的"二十四史"的方法来比喻解决地质领域疑难问题的研究方法，显得生动形象，使这一地质概念通俗易懂。）现在另有一问题，即所找者为何物，并不注意它的距今有若干年。如二十四史学者亦不注意距今的年月，大概拿朝代年号来分别就够了。地质学亦如是。如寒武纪、泥盆纪、石炭纪、二叠纪、三叠纪、侏罗纪等来决定。正如朝代一样的，由某纪即可追寻它在时间上的次序。但一般人士于此不大熟悉，犹如乡人不知道朝代一样。若追索年数，最可靠的方法，是拿放射矿物来研究，放射性的爆裂是不受温度和

❶ 这里引用了成语"沧海桑田"的典故，典出东晋葛洪《神仙传·麻姑》："麻姑自说云：接待以来，已见东海三为桑田。"麻姑，传说中的女仙人。

❷ 造山运动是指地壳局部受力、岩石急剧变形而大规模隆起形成山脉的运动，仅影响地壳局部的狭长地带。中国地区在距今约3000万年前，即第三纪的时候，地球进入了一个新活动时期，即地质学上所说的喜马拉雅造山运动。

压力影响的，按它的爆发之结果，来决定年代，这方法很有成效，如石炭纪距今约为五百个百万年，侏罗纪为两三百个百万年。[地质学是以百万年为单位的，时间好像过长，但学地质的是感兴趣的，好像麻姑所说的沧桑之变，是实有的事。不过沧海桑田，太普通太易见了，倒不足为奇。]❶ 不如说是山海变更，更觉彻底，更显利害，更能得到重大结果，更表明变化的重要阶段。

[造山运动的解释，近二三十年才达到重要的阶段。]❷ 因为利用物理学尤其是力学上的原则来研究，已脱离渐变说急变说的幼稚言论。适才主席提到这种研究的中国，的确有相当的贡献。因为欧洲有传统的学说，并且欧洲各国为国境所限，地域太狭，研究者限于局部，故无大发展。中国国土非常广大，可看见整个大陆，因此天然给我们一个好机会，可以看得清清楚楚的，不至于像在欧洲一样，只看到一个局部，所以新的发展，有新的贡献。

中国的山脉是不乱的，有系统的，最有系统的是东西线。最北和苏联交界的，是唐努山脉、肯特山脉；往南内外蒙古分界，便是阴山山脉；再南便是昆仑山脉、秦岭山脉；最南就是南岭山脉。这种东西线的山脉，每两条相隔纬度大约8°，即约800公里。这种情形全世界都有。唯在欧洲有国土的限制，故难有显著的研究。另一种为弧形山脉，我个人称它为山字型山脉，因为像个山字。如湘南系，从资兴至郴县苏仙岭、临武香花岭，而至都庞岭，中间一直就是衡山、阳明山、九嶷山，故两边有耒阳、祁阳、道县等平原。两端各有一反射弧，资兴正在反射弧形之中，彭公庙及鄙县边境应在反射弧形之顶。故昨天到彭公庙鄙县边境去看，果然不错。明日还要到青要铺去看反射弧形之自然转弯现象。想在青要铺方面，一定可以看到。主要者，反射弧形均朝向赤道，美洲、欧洲、非洲都是这样的山。个人的意见，解释这种弧形构造的生成，似乎与地球的自转速率有关。假定地球愈转愈慢，则甚难解说此现象。若地球愈转愈快，则因离心力水平分力的关系，部分移动，便成向着赤道地壳表面褶成山字型的现象，又假定转动愈快之后，便成大陆分裂现象。例如南北美洲因为赶不上速度，便逐渐与欧非大陆脱节。这里有许多证据，例如有种种不能渡海的陆上生物，在非洲也有，而在美洲也有。故可证明美洲原与欧非两洲连贯。后因不能追上此转运之速度，美洲遂致落伍而脱节。根据此种说法，可说明大陆之成因、山字型山脉之成因，此种说法正在萌芽，若非战事发生，恐十年内便可得到定论。将来这种说法成定论之后，便可解释地质上许多问题，并可解释沧桑变化的道理。（作者用力学观点考察地质现象，初步解释了山字型山脉和大陆的成因等。这些观点，即后来李四光所创立的"地质力学"观点。地质力学主要是用力学的观点研究地质构造现象，研究地壳各部分构造形变的分布及其发生、发展过程，揭示不同构造形变间的内在联系。）

名师赏析 / MINGSHI SHANGXI

　　1942年，李四光在湖南资兴一带进行地质考察。本文即李四光在当地欢迎大会上的演讲节选。作者用通俗易懂的语言向大众普及了地质学探讨的问题、地质学的简要发展历史、地质学的研究方法，并结合此次考察，用自己的观点初步解释了山字型山脉的成因。作者善用打比方、做比较、说典故等方法引导人们，使人们更易于理解地质学的有关知识。全文语言平实而生动，谈专业问题而能深入浅出，时现启人心智的金句，体现了老科学家平易近人、循循善诱的风范。

● 好词好句

精微　沧海桑田　无稽之谈　层叠不穷　毫无疑问　不足为奇

　　看地质的人，就是想往里看，往深看。然而究竟能看好深，便要问地质科学进展之程度和看者个人的造诣。

　　譬如一部未装订的、错乱的、残缺不全的二十四史，整理的方法乃清理褶皱的把它一页一页拉平，另一方面就是按字索时，如有曹操字句者，入三国志；有朱温字样者，入五代史；或根据某一事实之记载入某史。

● 延伸思考

1.开篇讲述了一段"看地"趣谈。作者和老者对"深"的理解有何不同？

2.18世纪末，有许多人研究地质学，他们的研究方法主要是哪两种？

3.作者是如何解释山字型山脉成因的？

古生物及古人类

一、原始生命形态的遗迹
（一）

地球上出现有生命的物质，是地球发展史上破天荒的大事。（本句为全书的总起句。"破天荒"一词，点出了生命物质的出现在地球发展史上的重大意义。破天荒，指以前从来没有出现过的事，第一次出现的事。）最原始的生物是在寒武纪以前的时代开始出现的。那些原始生命形态的遗迹（化石）被保存在寒武纪以前的古老地质时代所形成的地层里面。

寒武纪以前所形成的地层，概括地说，可以分为两大部分。一部分为古老的变质岩系，包括变质沉积岩以至变质极深的各种结晶片岩及各种混合杂岩等。这些古老变质岩的形成是从距今约20亿~30亿年或更早的年代以前开始的。覆盖在那些古老变质岩系上面的，是时代较晚的轻微变质或基本上没有变质的沉积岩系。这一套岩系在我国发育完整，分布广泛，故名为"震旦（古代印度人对中国的称呼）系"，其所代表的时代则称为"震旦纪"。震旦纪大约开始于距今10亿年前，其延续时间约达4亿年之久。在震旦纪地层上面的，就是寒武纪的地层了。

寒武纪的地层是最早的含有丰富生物化石的地层。它含有大量的动物化石，如三叶虫、腕足类及古杯海绵等。有一些古生物工作者认为，这些大量的和较高级的动物不可能是骤然发生的，一定在它们之前，还会有和它们相类似但较为低级的动物，代表在它们之前的发展阶段。这些更早的动物一定是生活在寒武纪以前的时代。为了证实这个想法，人们曾做出不断的努力，要从寒武纪以前的地层中找到化石。

如前所述，寒武纪以前的那些古老变质岩系，经过多次强烈地壳运动，以致支离破碎、结晶变质，即使当初含有生物遗体或遗迹，也必然被摧毁，极难从其中找到可以鉴定的化石。但以后在那些古老变质岩系的上面，发现了震旦纪的地层（在外国也找到与我国震旦纪地层相当的岩系），它是基本上没有变质的沉积岩系，厚度有时达到数千至一万多米。震旦纪岩系的发现，燃起了人们寻找寒武纪以前的化石的希望。

有人曾根据生物的发展观点，将已知的寒武纪的动物加以分析概括，从而推论出寒武纪以前的动物群应该是由无壳的原生动物、硅质海绵、原始腔肠类、环节蠕虫、无铰（即无铰纲，又称腹茎纲，腕足动物门的一纲，壳质成分多为几丁质或几丁磷灰质，少数为钙质）的腕足类以及某种类似三叶虫但更原始的节肢动物所组成。但多少年来，在世界各国的寒武纪以前的地层（包括震旦纪地层）中所搜寻到的，只是残缺而贫乏的原始生命形态的遗迹，远不足以证实这个推论。

（二）

在震旦纪的石灰岩及白云岩中比较常见的，是具有同心圆构造的化石。大多数古生物工作者认为它是蓝绿色藻类的群体的钙质分泌物，故又把这种藻类叫作钙藻。

[1922年我国地质工作者在北京西北的南口地区考察地质，通过仔细观察，明确了钙藻中的"中国聚环藻"在震旦系南口灰岩中的层位，

并发现了另外两个新种，以后被分别定名为"筒状聚环藻"及"棱角聚环藻"。1924年我国地质工作者又在长江三峡地区发现了相同的钙藻化石。以后在我国华北及西部不少地区的震旦纪石灰岩中，都陆续找到这类化石。] ❶

华尔科（美国地质学家）于1906年在美国蒙大拿州的柏尔特系（相当于我国的震旦系）地层中采集并描述了钙藻的许多新种。据雷蒙（美国地质学家）的意见，其中有些是可疑的，可能是无机质的结核。

最古老的原始植物化石为一种细菌，是在美国密歇根州休伦系（大致相当于我国的滹沱系）的铁矿层中发现的，呈杆状，在高倍显微镜下才能看见，很像现代的"衣细菌"。据说是铁细菌的一种，能将水溶液中的铁质分泌出来，使其沉积成铁矿层。

1915年华尔科用高倍显微镜观察从美国蒙大拿州基维诺组（相当于我国震旦系）石灰岩中发现的"微球菌"，其直径仅为0.001毫米。

[对于上述这些细菌，既缺乏坚硬组织又如此细微，竟然能从寒武纪以前到现在仍保存到可以鉴定的程度，有人（如美国的雷蒙）持怀疑态度。] ❷ 但也有一些人认为寒武纪以前的古老岩系中含有的大量石灰岩、石墨及一些

名师导读 MINGSHI DAODU

❶ 作者通过举例子的方法，将20世纪20年代我国地质工作者对我国境内的钙藻化石的一些新发现清楚明了地呈现到读者面前。虽然只是略略几句，却用语简练而生动，其中"仔细观察""明确""陆续找到"等词语，高度肯定了中国早期的地质工作者严谨认真的工作态度和脚踏实地的工作作风。

❷ 对外国"权威"专家（华尔科）的某些观点，作者并没有一味盲从，而是本着学术思辨的精神，提出合理的质疑。这种客观地看待问题、分析问题的精神，值得我们后辈学习。

铁矿，是属于有机成因的岩、矿，是通过当时水体中大量细菌及藻类这些原始生物分泌作用而沉积起来的。例如苏联的维尔纳茨基、别尔格和斯特拉霍夫都认为庞大的"前寒武纪"含铁石英岩矿层是由铁细菌形成的。

从蒙大拿的"前寒武纪"石灰岩中，华尔科又曾找到一些没有定形轮廓的化石碎片，认为与"翼鲎"或"板足鲎"相接近的一种节肢动物的甲壳。而从澳大利亚"前寒武纪"地层中所获得的所谓"节肢动物"，据雷蒙说，可能是同样性质的东西。

在苏联，在乌拉尔西坡的里菲界（相当于我国的震旦系）及西伯利亚的震旦系中，也找到钙藻并分为许多属、种，而总称之为"叠层石"。据说在南乌拉尔里菲界的叠层石中曾找到可疑的微体生物化石。

以上是讲的植物化石，下面我们转到动物方面。

在北美洲，主要是在加拿大南部及美国西部，更先后找到零星的动物化石，其中有些也是可疑的、有争议的东西。在北美，对"前寒武纪"化石研究最早、致力最多、费时最久的，还是前面已经讲到的那位美国"权威"华尔科。（在这里，"权威"二字被加上了引号，在文学修辞上叫反语。这体现了作者对这位所谓专家持学术批判的态度。）而对他的工作成果持怀疑甚至否定态度的，则是他的后辈——另一位美国人雷蒙。有关动物化石的发现简述于下。

海绵化石——1911年，华尔科曾描述，在加拿大南部安大略的阿瑟港附近，在"前寒武纪""陡岩系"的石灰岩中所获得化石标本，将其与寒武纪的一种海绵相比较。以后被证明是无机物所形成，不是生物化石。但华尔科曾报道在美国西南部大峡谷地区的相当于我国震旦纪上部地层中，发现了据说是真正的海绵骨针。

腔肠动物（水母及其他）化石——据说在美国大峡谷"前寒武纪"

地层中曾找到过水母化石。从芬兰东部"前寒武纪"石灰岩夹层中，曾找到一种近于床板珊瑚的可疑化石。

环节动物（蠕虫）化石——华尔科曾描述从美国蒙大拿的"前寒武纪"岩层中找到的蠕虫爬行印迹及所掘的空洞。在我国南沱灯影灰岩中也曾发现过蠕虫穿过藻类所留下来的空洞。

在澳洲南部震旦纪地层中找到的化石，据说还有翼足类及原始的腕足类。

此外，在欧洲，许多年前，凯耶（美国地质学家，一译"凯伊"）曾描述从布列塔尼（法国西北部）的变质岩中获得的许多放射虫、有孔虫及海绵，曾一度被广泛接受为"前寒武纪"化石，但也引起怀疑和争论。以后一个法国地质学家指出含这些化石的地层并非"前寒武纪"而可能是泥盆纪。因此，在欧洲曾轰动一时的"前寒武纪"动物群是不足凭信的。

（三）

概括上述，从20世纪初期到现在，超过了半个世纪，人们已找到的寒武纪以前的生物化石，在植物方面仅为蓝藻、细菌及某些不能做确切鉴定的孢子；动物化石方面则为海绵骨针、腔肠动物（水母及另一种可疑化石）、环节动物活动时留下的残迹及翼足类与腕足类。门类虽然也不算少，但重要的问题是在于这些零星残缺的生物遗迹，除钙藻外，都是极其少见的，而且它们绝大部分的真实性是有怀疑和争论的。这就使人们突出地感觉到，生物在寒武纪以前的数十亿年漫长的演化过程中，给我们留下的化石竟是如此的贫乏，这与寒武纪一开始就出现的颇为繁盛的和相当高级的生物群，远远衔接不起来。对这一现象如何解释呢？

（通过前寒武纪的化石"如此贫乏"与寒武纪的化石"颇为繁盛"进行对比，指出二者衔接不畅，令人费解，从而提出问题，为下文介绍各种学术假说张本，树靶子。）

在18世纪末叶，法国科学工作者居维叶(1769~1832年)提出了"灾变论"。他和他的学生迪奥宾尼认为在地质发展史中，地壳运动形成海陆升降的突然变革，或使海涸为陆并隆起为山脉，或使陆沉为海，每次都给生物带来一次灾乱，而这种灾乱使地球上一切生物灭绝，以后又由一种所谓新的不寻常的"全能的创造力"，将生物又恢复起来。他们并认定物种是永恒不变的，新的和旧的、高级的和低级的物种之间没有演化的关系。旧的物种在一次灾变中完全被灭绝了，以后由"全能的创造力"又创造出一些新的更高级的物种。按照灾变论的说法，则寒武纪以前的生物就可以认为是在一次地壳运动所引起的灾变中被毁灭得毫无踪影，寒武纪的动物则是以后由什么"全能的创造力"一下子创造出来的了。这是地地道道的形而上学的观点。随着生物科学的发展，特别是在达尔文的《物种起源》一书问世后，这一类带有浓厚宗教迷信的说法就越来越站不住脚了。（"站不住脚"一词，生动而形象地讽刺了这种缺乏科学依据、带有浓厚宗教迷信说法的荒谬性。）

由于在我国以及其他国家先后发现基本上没有变质、适于保存化石的那一套寒武纪以前的地层（即震旦系），人们也不能再说寒武纪以前化石的贫乏是因为那个时代的地层屡经剧烈破坏，不能保存化石了，于是转到生物本身上来寻找原因，因而把注意力集中到另一方面的解释，即寒武纪以前的动物缺乏坚硬的钙质外壳或骨骼，即缺乏被保存为化石的条件，认为这是寒武纪以前化石特别稀少的主要原因。

那么，为什么那时的动物没有钙质骨骼呢？对此，资产阶级的学者根据某些片面的认识，曾试图做出各种解答，主要的可分为以下四种：

（1）因为寒武纪以前的海水中缺乏钙质；

（2）寒武纪以前的海水中含有较多的氯及其他游离的化学元素，使海水变为酸性的，阻止了生物钙质骨骼的形成；

（3）现在能见到的寒武纪以前的地层都是大陆上的淡水停积物，而淡水含钙量很低；

（4）寒武纪以前的动物都是漂浮在海水表层的浮游动物，钙质介壳或骨骼太重，对浮游生活不利，因而没有形成钙质骨骼，只有到了较晚的寒武纪或更晚的奥陶纪，在海底生活的底栖动物才形成笨重的钙质介壳或骨骼。

关于一二两种说法，只要看一看我国震旦纪的厚度大而分布又广的石灰岩层，就可以肯定那时的海洋不缺乏钙质。海水中既然含有大量的钙，也就不是什么酸性的了。

关于第三种说法，把寒武纪以前所形成的地层全部说成是大陆停积，是没有根据的。像我国的震旦纪石灰岩，与中、新生代陆相沉积的碎屑岩显然不同。退一步说，即使是陆相停积，也不能作为钙质骨骼不能形成的理由，因为我们知道，大陆上湖水及河水中的动物，如常见的淡水螺蚌，也具有钙质介壳，因而也能被保存为化石。

第四种说法，是雷蒙及布鲁克斯（英国气象学家）所主张的。他们认为"前寒武纪"动物为适应浮游生活，故无钙质骨骼，但指出可以有较薄、较轻的几丁质或硅质骨骼。这个说法好像能说明寒武纪以前的动物没有钙质骨骼的原因，但并不能解答寒武纪以前的动物化石何以如此贫乏的问题。因为钙质骨骼固然是保存化石的良好条件，而几丁质的介壳也同样能保存为化石，寒武纪地层中保存得很好的大量的三叶虫以及

名师导读 MINGSHI DAODU

❶ 所谓"不破不立"。前文中，作者针对西方学者种种解释中的不合理之处，通过"摆事实，讲道理"的方法，予以一一批驳，即是"破"；而此处，作者提出较为客观合理的学术猜想，即是"立"。尤为可贵的是，作者提出的学术观点带有辩证唯物主义的哲学思辨色彩，如"量变引起质变""外因通过内因起作用"等。正是有了正确的哲学理论的支持，作者所提出的观点才具有较强的说服力，从而令人信服。

常见的舌形贝，正是具有几丁质的外壳。那么，那些没有钙质骨骼但可以具有几丁质外壳的寒武纪以前的动物，为什么也不能像寒武纪的三叶虫及舌形贝那样被保存为化石呢？

[如上所述，资产阶级学者的种种解释，并没有能够真正地解答问题。其实，寒武纪以前生物化石的贫乏并不是什么奇怪的事，因为生物在萌芽和发展的初期，个体的数量就是比较少，分布的面积不广，分布的密度不大，因而能被保存为化石的机会就更少。虽然我们不能排除这种可能性，即今后随着地质、古生物工作的扩展和深入，还会在寒武纪以前的地层中找到若干零星的生物遗迹；但即使如此，由于寒武纪生物群的大发展，包括若干主要门类的生物（如三叶虫等）发展的飞跃，因而在寒武纪以前的古老时代与寒武纪之间，生物的演化是存在着一个很大的不连续（间断）。寒武纪以前的漫长的古老时代，是生物孕育、萌芽和发展的初期阶段，那时的生物群，作为整体来看，它的演化看来是缓慢的。这种长期的缓慢的演化，为生物体本身准备了质变的飞跃和大量繁殖的条件，因而一旦到达寒武纪，在适宜的外界环境条件（例如海水的温度、溶解的物质成分及营养物质等）的促使下，就出现一个大发展，

从而产生了大量的和较高级的生物。］❶

　　生物发展的不连续性，在寒武纪与"前寒武纪"之间是异常突出的，但在以后的各地质时代这种不连续还陆续出现，使不同时代的生物群呈现显著的差异。总的说来，在每次不连续之后，就有更高级的生物通过质变的飞跃而出现，因而我们有可能根据不同的化石生物群来鉴别不同地层的先后时代。由于不同时代的地层往往含有不同的沉积矿产（例如震旦纪以前古老变质岩系中的沉积变质铁矿，震旦纪地层中的铁矿、锰矿，寒武纪早期地层中的磷矿，泥盆纪地层中的沉积铁矿，石炭纪地层底部的铝土矿，石炭纪、二叠纪及中、新生代地层中的煤矿、石油与天然气以及盐类矿产等），因而古生物学的工作，通过对地层时代的鉴别，在寻找矿产资源为社会主义建设服务方面，具有重大的实际意义。（地层时代与矿产资源密切相关，而矿产资源则能服务于国家的经济建设。身为地质专家，作者提出这一观点可谓高屋建瓴，将自己的科学活动与国家利益紧密联系在一起，体现了科学报国的高尚情操。）

二、动物界的第一次大发展

　　地球发展到了寒武纪时期（距今约5亿～6亿年），就出现了大量的、门类众多的和较高级的动物。寒武纪以前的生命的星火，到这时已成燎原之势。这是地球上动物界的第一次大发展，具有划时代的意义。

　　从化石来看，在寒武纪初期出现的动物，除脊椎动物外，几乎所有的主要门类都有了。其中最多的是节肢动物中的三叶虫，约占化石保存总数的60%，其次为腕足类动物，约占30%，其他节肢动物、软体动物、蠕虫及古杯海绵等共占10%。（列数字，将寒武纪初期无脊椎动物的主要种类所占的比例简明道出。）

腕足动物是具有一对外壳的海生动物。软体动物中有头足类及腹足类。古杯海绵是固着在海底的一种古老生物，具有多孔的内壁及外壁等较为复杂的结构。蠕虫化石由于不易保存，比较少见。节肢动物除三叶虫外，比较常见的则为甲壳类的古介形虫。

寒武纪动物群中最为突出的是三叶虫。它是世界各地常见的化石。我国为产三叶虫化石最多的国家之一，从新疆到苏、浙，从东北到西南，自寒武纪到二叠纪的地层，都有三叶虫化石发现。目前已正式鉴定和描述过的计有376个属，1233个种，还将继续有所增加，其中以寒武纪的为最多。

三叶虫的种类繁多，形体大小不一，最大的可长达70厘米，最小的不足1厘米。绝大部分的生活情况是游移于海底，以原生动物、海绵、腔肠动物或这些动物的尸体以及海水中细小植物为食料。三叶虫是比较高级的节肢动物，如在我国寒武纪初期的页岩中经常可以找到的"莱得利基虫"，其躯体各部分结构已经分化得很好，有头部、胸部及尾部。头部结构复杂，有一对眼睛；胸部有十几个胸节；尾部由若干体节互相融合而成。头、胸、尾部都生有多节的附肢。其他如寒武纪中期的"德氏虫"及晚期的"蝙蝠虫"等，结构也都比较复杂。由于演化迅速，在不同的时期出现不同的种，故三叶虫成为对下部古生代地层特别是对寒武纪各期地层进行划分与对比的标准化石。（这段文字对寒武纪的标准化石——三叶虫进行了详细说明，主要使用了列数字、做比较、举例子、下定义等方法，使读者对三叶虫的种类、食性、形态等一目了然，印象深刻。）

寒武纪早期的软舌螺化石，产于我国西南各省寒武系底部的磷矿层中，故这种化石可作为在西南各省寻找磷矿的标志。

正因为是动物界的第一次大发展，所以寒武纪的动物群一方面含有大量的较高级的动物三叶虫，另一方面也还在某些动物方面保留着一定的原始性。例如，这个时代的腕足类动物是以比较原始的具有几丁质外壳的无铰纲为主，软体动物也是细小的、比较原始的类型，如上述的"软舌螺"及"似海螺"等。这也说明了在同一时期不同门类的生物发展的速度不等，显示着发展的不平衡性。

生物演化的历程包括许多次飞跃，而每次飞跃就有更高级的生物出现并形成一次大发展，给当时整个的生物群带来崭新的、繁荣的面貌。在寒武纪以后，动物界还继续经历多次大发展，而在寒武纪的大发展，则不过是"春雷第一声"。（"专听春雷第一声"，出自元朝王实甫所著的《长亭送别》。春雷第一声，指中状元的捷报。作者化用古人诗句，在这里指"寒武纪的大发展"在地球生物进化的过程中首次出现，其意义重大，为后来不同时代的不同动物种群大发展开了先例。）例如，在奥陶纪突然繁殖的笔石群及大型的头足类直角石和珠角石等，在志留纪大量繁殖的珊瑚及腕足类，泥盆纪大量繁殖的水生脊椎动物鱼类，上部古生代繁盛的、具有纺锤形复杂外壳的原生动物蜓类，中生代的恐龙之类的大型爬行动物以及新生代的哺乳动物，如此等等。所有这些盛极一时的动物，都是经过质变的飞跃而产生并大量繁殖的。它们的出现，使不同时代的动物群具有不同的时代特征。

三、植物界的第一次大发展

地球上的植物，是以最原始的形态先出现在海水（或其他水盆地）中。有漫长的时期陆地上基本上没有植物，几乎到处是童山（没有树木的山）和荒漠。大地换上绿装，是开始于泥盆纪（距今4亿～3.5亿年前）。

在泥盆纪以前，主要是生长在海水中的原始的水生植物，一类是单细胞、单细胞群体并没有叶绿体的细菌和蓝藻；另一类是单细胞、单细胞群体或多细胞而具有叶绿体的其他藻类。在北京人民大会堂铺地的大理石磨光的面上，有很多一环套一环的美丽花纹，很像是寒武纪以前的钙藻化石的各式各样的剖面。（打比方，将寒武纪以前的钙藻化石的各种剖面与人民大会堂大理石的磨光面对照譬喻，这样的语言生动形象，富有生活气息。）

我们知道比较确切的第一个相当繁盛的陆地植物群，就是泥盆纪植物群。也就是说，地壳发展到了泥盆纪，植物才大量从水中"登陆"，实现了从"水生"到"陆生"的飞跃，而随着这个水陆环境的变革，一些新的陆生植物迅速繁殖，并有原始的裸子植物出现。这是植物界的第一次大发展。

在泥盆纪早期和中期达到繁盛顶峰的植物群，是以裸蕨为代表，称为裸蕨植物群。裸蕨是最原始的陆生植物，这种植物的茎的分化还很不完全，没有叶子，只有枝的分叉，细弱的茎和枝都裸露，故得名。（作者为裸蕨下的定义采取了长短句结合的方式，句式灵活。这种解释没有晦涩感，使读者更易于理解科学术语。）

具有叶子的植物（虽然是微弱的孢子叶），如鳞木植物中的原始鳞木，在泥盆纪中期已经大量出现了。值得我们注意的是在泥盆纪晚期，也开始发展了高达数米的小型乔木或灌木，像种子蕨一类的植物。种子蕨一类的植物化石，是已发现的最古老的裸子植物化石。

到泥盆纪晚期，裸蕨完全灭绝，代之而起的是大型的原始裸子植物，叫作古羊齿。这时很多植物已经是大型乔木，叶子发达，茎干粗壮，如鳞木类的圆痕木就是这时乔木的一种。这时丛林高树，呈现空前的繁荣景象。

对于泥盆纪陆生植物的迅速繁盛，人们往往感到是很突然的，因为在比泥盆纪更古老的地层中，迄今没有找到可以作为泥盆纪植物发展前一阶段的所谓过渡型的化石植物群。根据现有的资料，不仅太古代和元古代只有原始海生菌、藻为比较可靠的植物化石，而下部古生代，从寒武纪一直到志留纪中期的植物化石，也仍然是以海生菌、藻类群为主。

[从泥盆纪前的原始海生菌藻植物占统治地位转到泥盆纪陆生植物占统治地位，这种转化，是植物界发展中的一次大飞跃。因而，使植物界的演化在泥盆纪以前的时代与泥盆纪之间，形成一个明显的不连续（间断）。] ❶ 植物界在泥盆纪以前的漫长时期的演化，为某些类型的植物的飞跃发展准备了条件。志留纪与泥盆纪之间的地壳运动，使大陆普遍上升，海水撤退，海面缩小，因而原来为海，特别是为浅海的地区，变为低湿的平原或具有洼地的丘陵地带。这是促使那些本身具有一定条件、能适应这种环境变革的植物从水生转为陆生的外界因素。

[泥盆纪陆生植物的迅猛发展，只是植物界的第一次大发展，此后还有多次大发展。而每次大发展包括若干门类中某些植物的质变的飞跃，因而在每次大发展中就有更高级的植物出现。] ❷ 例如，在石炭纪、二叠纪构成茂密

森林的鳞木、封印木、芦木、科达树、大羽羊齿等，在中生代特别是在侏罗纪最为繁盛的裸子植物，在第三纪最为繁盛的被子植物等，都是植物界各次大发展中的产物。它们的繁殖给不同时代的植物群带来不同的特征，因而我们能够利用这些植物化石来鉴别含化石地层的时代。由于这些古植物在一定的地质时代是"成煤植物"（即形成煤的原始植物，以陆生高等植物为主，低等植物菌藻类次之），我们可以把这些植物化石当作标志，来寻找各个产煤的地质时代的煤层。

四、古生物工作中涉及进化论的一些主要论点

生物工作者，很清楚不能撇开古生物的调查研究工作，他们借助于古生物学的资料，有力地促进了进化论的形成和发展。

生物界在过去曾受许多和地球本身的历史有关的改变，这种思想首先表现在法国科学工作者布封（法国自然学家、博物学家、作家，是最早对"神创论"提出质疑的科学家之一，也是现代进化论的先驱者之一。他的百科全书式巨著《自然史》描绘了宇宙、太阳系和地球的演化过程，对自然界做出了唯物主义的解释）（1707~1788年）的著作中。按照布封的意见，在地球上有了生物的时候，生活条件（包括地理和气候条件）的改变必然反映在有机体的结构上，使有机体发生变异。这种见解可以说是进化论的开端。

与布封同时的瑞典植物学工作者林奈（瑞典自然学者、现代生物学分类命名的奠基人，被称为"分类学之父"。他在生物学中的最主要的成果是建立了人为分类体系和双名制命名法）（1707~1778年）所倡导的"特创说"，认为万物既经创成，永久不变。林奈在当时声名很大，所谓"特创说"风靡全欧。当时教权仍极强盛，由于受到宗教监察的迫害，

布封在他出版较晚的著作中不得不删掉或修改与宗教相矛盾的部分。

布封关于物种演变及从简单发展到复杂的见解，为法国著名的自然科学工作者拉马克（1744~1829年）所广泛宣传。拉马克是古无脊椎动物学的创始人。他在1815年的著作中，将他的生物进化学说总结为四条。

（1）生命以其固有的力，趋向于不断地增大每个生物体的体积，并扩大生物体的各部分，直到它所达到的限度；

（2）动物机体的新器官的产生，是由于增加了使动物不断地感觉到一种新的需要的结果；

（3）器官的发展及其活动的力量，是经常与其运用成正比例；

（4）生物体的组织在个体生活过程中已经获得的、废弃的以及改变的一切性能，是被保存下来并遗传给遭受过这些变化的个体的后代新个体中。

上述四条是互相联系，不可割裂的。第二条曾被称为动物器官根据"欲望"而演变的假说，这显然是把这一条和其他各条割裂而加以歪曲；因为拉马克并没有说动物的欲望直接影响它的形体，而是说变更了的需要引起生活习性的变更，从而导致新器官的形成或原有器官的改变。这可以同第三条即著名的"用进废退"定律联系起来看。按照拉马克的意见，动物的新的"需要"是由外界环境的变化所引起的。环境的变化导致动物活动的新方式，从而引起器官形体的增大或产生其他方式的器官能。反之，动物体其他部分的废而不用，就导致这部分的退化。只有这些有结果的实质的变异才被遗传，这就是上列第四条，即获得性的遗传。拉马克举出了一些实际例证。例如，非洲长颈鹿的祖先，原来是颈子并不长的普通鹿，后来因气候变化，地上的草变少了，不得不经常伸长颈子和前腿来吃树上的嫩叶，这样经过多少世代，颈子和前腿愈来愈长，终于形成长颈鹿。(1809年，拉马克在《动物哲学》中系统阐述了最早的进化理论，指出获得性遗传在进化中的重要作用。后来，进化论的奠基人、英国博物学家达尔文在《物种起源》中也承认获得性可以遗传。)

拉马克虽然受了18世纪形而上学的思想教育，却敢于和当时占绝对统治地位的形而上学观点展开斗争。他反对林奈的"特创说"和居维叶（1769~1832年）的"灾变论"，打击了物种不变的观念。

与拉马克同时，以研究动物体内部结构为主的圣希雷尔（1772~1844年），他有些见解具有生物进化论的思想因素。例如他认为在同一门范围内动物体结构上的变异，是由于外界环境的直接影响所起的作用。在这一观点上，圣希雷尔是达尔文主义的先驱者之一。但是，他所提出的关于全部动物界具有一个"原来的、统一的结构图案"的说法，却又违反了生物发展观点。

值得提出的是1830年7月圣希雷尔和居维叶这两个法国人之间展开的著名论战。论战的主题是关于软体动物与脊椎动物的机体结构是否像圣希雷尔所说的为一个"统一的结构图案"问题。统一结构图案的说法，恰恰是圣希雷尔错误的一面，论战的结果是形而上学者居维叶等人胜利了。但实际上适得其反，由于在论战中一些科学工作者和哲学工作者展开了一般原则性的争论，使进化观念的拥护者澄清了某些错误，找着了更正确的途径来证明他们的观点。因此，这次论战反而有助于以后进化理论的发展。这是居维叶所意料不到的。

在18世纪，瑞典人林奈对生物分类学做了大量工作。但他认为一切生物都是由神所创，各有天赋特征，固定不变。这就是上面已提到的"特创说"。居维叶在研究化石方面颇有建树。由古代生物的遗体或遗迹所形成的化石，本是生物演化的一种有力的实证，而居维叶则终身反对生物进化的理论。但和他的意愿相反，他自己在分类学、比较解剖学和古生物学方面的大量工作成果，却为19世纪后半期唯物主义生物进化学说的确立，提供了有力的根据。

在19世纪中叶，达尔文（1809~1882年）一方面承继了布封、拉马克等前人生物发展学说中的正确论点，并集其大成；一方面通过他自己长期调查研究的创造性的实践，把生物发展的理论提高到更完备的、更成熟的阶段，确立了<u>进化论</u>（布封和拉马克最早提出进化论的观点，而达尔文则为公认的进化论集大成者。《物种起源》为达尔文系统阐述进化论的代表作。他提出的主要理论是：自然界中生物的物种不是不变的，而是由低级向高级逐渐进化发展的）。

达尔文学说的主要内容可概括为四部分。

（1）变异性与遗传性。肯定了变异性是生物的共同特性，变异的主要原因是生活条件的变化。引起变异的生活条件如果保持下来，这种变异就会遗传给后代，而且会一代一代地加强。这就是"变异累积定律"。

（2）人工选择，获得新品种。人类对那些产生符合人类需要的变异的家畜和作物，连续进行选种，使变异愈来愈显著，因而获得具有显著差别的家畜和作物品种。

（3）自然选择，适者生存。自然界中影响生物进化的要素是和人工选择相类似。在自然条件下，由于生物彼此之间及生物与周围环境条件之间的复杂关系，在较长的时间过程中，那些较不完善的，即对环境的适应性较差的类型，就会逐渐被淘汰；那些较能适应周围条件的类型就会保存并发展。

（4）新种的形成。在自然选择过程中，逐渐发生性状差异的加强和累积，于是在一个种之内形成了各种不同的变种，变种之间的差异进一步加深，就成为各种不同的新种。

达尔文与拉马克的学说，在生物的发展观这个大方向上是一致的，在个别具体论点上还有不尽相同之处。例如，对于变异与遗传的解释，拉马克侧重在生物器官"用进废退"这方面，达尔文则较全面地阐明了自然选择的作用。

值得提出的是，德国动物学工作者赫克尔（1854~1914年）所建立的"重演说"，认为生物个体发育的各个阶段，是将这个生物所属的种族从远古祖先历代演化的一系列状态（历代变化，又称系统发生），在一定程度上重新表演出来。赫克尔指出，个体发展的历史，是种或种族的发展历史的简短重复。各种多细胞动物的个体发育，特别是在幼虫时期，都经历大体相似的阶段，这表明了动物起源的共同性。赫克尔的演说，有力地支持了达尔文的进化论。

自1859年达尔文的《物种起源》一书问世后，生物进化的思想逐渐为人们所接受。过去在一定程度上借助于古生物学资料而逐步形成和发展的进化论，以后转过来促进了古生物学的发展。但是，究竟是什么力量推动了生物的发展，这显然是进化论的关键问题。庸俗进化论者扩大了达尔文学说中的缺点，片面地强调外因的作用，否认内部矛盾是事物发展的根本原因，只承认事物的渐变，否认质变的飞跃，这是极其错误的。（"内因是事物变化发展的根据，外因是事物变化发展的条件，外因通过内因起作用。"只有把握内外因关系的原理，才能明确认识到庸俗进化论的错误和荒谬，并对达尔文的进化论深入理解。）

与生物发展学说密切关联着的遗传学中，出现了一些不同的论点。有些形而上学的论点，例如认为各种有机体内都具有永生和不变的有机质，把它们的特点一代一代地传下去，这样就为资产阶级的"优生学"

和法西斯的"种族主义"提供了一种"理论"基础，是极端错误和有害的，应予严厉批判。不过那些论点同以化石为研究对象的古生物学关系不大，不在这里讨论。

五、人类的出现

自然界中生物的发展，终于导致人类这种能改造和征服自然的特殊生物的出现。

［真正的人，能制造工具的人，是出现在最近100万年之内。对悠远的地球发展史来说，100万年只是一个很短暂的时间；但和人类有文字记载的历史相比，毕竟是太远了。人们总想弄清这100万年之内发生的事情。］❶

［最初，在世界各民族中都流传着关于人类起源的各种神话和传说。］❷［拉马克在1809年出版的《动物哲学》这本书里，指出人类是起源于类人猿，才开始突破了传统的神话传说，震撼了宗教迷信。］❸［达尔文在1871年出版的《人类的起源与性的选择》一书中，指出人类和现在的类人猿有着共同的祖先，是从已灭绝的古猿演化而成的，从而阐明了人类与动物的共同性，进一步奠定了人类在动物界的位置。］❹伟大的革命导师恩格斯在1876年写的《劳动在从猿到人转变过程中的作用》的

名师导读 / MINGSHI DAODU

❶ 本小节的总起段。这里先明确人类的特征（能制造工具）和人类出现的时间（最近100万年之内），为后文详细描述人类的演化过程做准备。

❷ 神话和传说毕竟属于文学作品，跟这篇科普作品的关系不大，故作者予以略写，一笔带过。

❸ "突破""震撼"二词，突出表现了拉马克首先提出"人类起源于类人猿"这一科学论断的重大意义，作者的赞誉之情溢于言表。

❹ 达尔文"阐明了人类与动物的共同性"，这是人类对自身形成的正确认识，在自然科学领域是个巨大进步。

著名著作中，运用辩证唯物主义的观点，揭示了人类起源和人类社会产生的规律，提出了劳动创造人的科学论断。恩格斯不仅肯定了人类与高等动物的一般的共同性，更重要的是指出了人类与动物最本质的区别，即人类能制造工具并使用工具从事劳动，来支配和改造自然，而一般动物则不能。本身具备着可能发展条件的人类的远祖，正是在一定的环境条件下从古猿分化出来之后，通过必需的生活活动，使前肢解放为手，用双手制造并使用工具来改造自然，在改造自然的进程中逐步改造了自身，终于由接近类人猿的原始人发展成为现代人。

人类的发展可以分为：古猿—猿人—古人—新人，这四个阶段。在我国发现的"中国猿人"、"马坝人"及"山顶洞人"，分别属于猿人、古人及新人阶段。实际上，每个阶段都包含着人类在发展中的一次质变的飞跃。

（一）人类发展的第一阶段——古猿开始从猿的系统中分化出来

人类究竟是在什么时候从猿的系统中分化出来的呢？对于具体时间，现在还有不同意见，但都认为是在第三纪的某一个时期，可能是中新世或其前后，即在渐新世晚期到上新世早期，距今约3000万到1000万年。至于能制造工具的人的出现，却在第四纪，即在最近的100万年之内。（从第四纪开始，全球气候出现了明显的冰期和间冰期交替的模式。第四纪生物界的面貌已很接近于现代。哺乳动物的进化在此阶段最为明显，而人类的出现与进化则是第四纪最重要的事件之一。）从猿的系统分化出来之后，一直到能制造工具的人的出现，这一段漫长的过程，是真正从猿到人的过渡阶段。

在中新世或其前后，由低等猿类中分化出现了大型的类人猿。将现代类人猿体格结构的解剖性状与这种古代类人猿化石的比较研究，可以知道古猿躯体各部分结构，是在高级动物中与人类最接近的。正因为古猿本身结构具有与人相接近的性状，在一定的外界环境的作用下，古猿才有可能离开猿的系统而向着人的方向发展。

在树居生活环境的影响下，古猿躯体各部分在漫长的岁月里继续发生着缓慢的演化。例如它们在树上生活时，常用前肢（手和臂）采摘果实和捕捉小虫，后肢（腿和脚）则紧握树的枝干以支持全身重量。又如，它们在树上依靠"臂行"来移动，即用前肢攀握树枝来移动身体。当用前肢向上攀缘时，后肢就会呈现直立的姿势。长期这样的活动，就引起骨骼和韧带结构上的某些变化，为手和脚的进一步分化及两腿直立行走的进一步发展准备了条件。

依据古气候资料，可能是由于在第三纪早期即已开始的地壳运动，使大陆上升，引起气候及地形的变化，在第三纪中期，北半球中纬及南纬的广大地区，气候变冷和干旱，森林大片消灭。在第三纪中新世末期和上新世早期，古猿生活的地方已经不是大片连续的热带森林，而是有草原间隔的树丛。因此，古人类工作者认为，大片森林的消灭，是促使古猿从树上转到地面并逐渐运用两足行走以适应地面生活的外界因素。

古猿转到地面生活后，开始时可能像现代类人猿以半直立的姿势行走，即当后肢起立行走时，仍需弯着腰用前肢手指的背面着地来起支持作用。等到前肢离开地面，完全用后肢行走并支持全身重量时，前、后肢就发生了决定性的分化。从四肢着地到两肢直立行走，是古猿从猿的系统分化出来之后的一次质变的飞跃。（直立行走不仅使手足进一步分工，还促进了躯体的变化，形成人所特有的体态结构。）

在欧洲和亚洲发现的第三纪上新世早期的"森林古猿"，化石比较

199

零星，多为牙齿和上下颌骨碎片，其中有的种类与现代的某种大猿相似。另外，像在印度发现的某些古猿化石，就显示与人相似的性质。

在非洲发现的几种类型的似人似猿的化石，总称为"南方古猿类"。这类古猿化石是在第四纪更新世早期的地层中发现的；但它们向着人的方向发展，很可能是在更早的时期即在第三纪后半期已开始，而一直生存到第四纪更新世早期。有的古人类工作者认为，南方古猿是生存在第三纪之末与第四纪之初。总之，根据目前的认识，南方古猿类是代表在猿人以前的人类发展阶段。

南方古猿的各部分化石骨骼都显示与人相似而与猿不同，而且所有骨骼的解剖性状，都一致表明它们已能直立行走，头脑较为发达，脑量（450～650毫升）高于一般化石猿类和现代类人猿。它们是处在人类最原始的蒙昧时代，已经在生活活动中本能地使用石块、木棒等天然工具，但一般地还不能制造工具。

在我国广西柳城和大新等地山洞中发现的"巨猿"（或称"巨人"）化石，根据其牙齿和下颌骨异常硕大等特点看来，可能是似人的古猿系统上灭绝了的一个旁支。

许久以来，是把能制造工具的猿人当作最早的人类。至于南方古猿究竟是猿是人，则争论很久。目前古人类工作者已基本上一致认为，南方古猿在发展进程中已经经过从四足着地到两足直立行走的质变，应包括在人的范围之内。人类的范围因此扩大了，由于南方古猿远比猿人为早，人类的历史也因之大大延长了。（对南方古猿的身份从长期争议到最终认可，反映了科学家们对人类祖先的认识是一个长期而曲折的历史过程。）

1959年英国人利基在东非坦桑尼亚奥杜韦峡谷发现了一个头骨，定名为"东非人"。产化石地层经过同位素年龄鉴定，证明"东非人"生存的时代是在157万～189万年前。经过激烈争论之后，1961年将"东非人"改名为"南方古猿鲍氏种"，即属于南方古猿类型。

1960年利基又在发现"东非人"的同一地点发现头骨和其他骨骼化石，因层位比"东非人"稍低，当时曾称之为"前东非人"，1964年又将正式学名定为"能人"。近年来有不少古人类工作者主张"能人"也应归入南方古猿类型，其生存时代更在"东非人"之前。

（二）人类发展的第二阶段——猿人

猿人是第一次能用双手制造工具的人，它和那种只能本能地使用自然工具（石块、木棒）的一般南方古猿有了本质的区别。猿人能用双手制造石器，显示手的发展有了质变的飞跃。这种质变当然引起脑部以及全身各部分的相应的发展。

中国猿人（全名为"中国猿人北京种"，或简称"北京人"）在我国的发现，是对古人类学的一个重大贡献，发现于北京西南周口店的石灰岩洞穴中。从1927～1937年陆续发掘到头盖骨、下颌骨和许多牙齿及其他骨骼，1949年以后续有发现。这些化石显示中国猿人头骨远比现代人低，头额向后倾斜，面部向前突出，眉脊高高突起，牙齿比现代人大而粗壮，脑量（1075毫升）则比现代人为小，下肢骨基本上具有现代人的形式，前肢已发展为能制造工具的手，但股骨、胫骨的内部结构仍有若干原始性质，类似现代的大猿。（"北京人"是中国境内猿人的典型代表，其发现历史意义重大。本段从历史意义、发现时间、发现地点、结构特征等方面予以详写，使读者具体形象地理解"猿人"这一术语概念。）

根据猿人骨骼化石及和它们在一起发现的兽骨和石器的研究，中国猿人生存的时代属旧石器时代的早期，距今约40万年前。它们结成原始人群，生活在猛兽环伺的山林和原野中。它们共同制造工具（主要是石器），用以狩猎和防御野兽并采集植物果实，栖息在山洞内，已能掌握和使用天然火。

在我国陕西蓝田发现的中国猿人蓝田种的头骨与下颌骨，与上述中国猿人北京种基本相同，但蓝田猿人生存时期较早，距今五六十万年。

在外国，有在爪哇发现的爪哇直立猿人，在北非阿尔及利亚发现的阿特拉猿人以及在德国发现的所谓海德堡人等。根据目前的认识，它们和中国猿人的生存时期虽然可能有先后参差，但都属于四五十万年以前的旧石器时代早期的猿人。

（三）人类发展的第三阶段——古人

从体格的形态结构上来看，古人介于猿人与新人之间。在地质时代上，古人比新人为早，生存的时代可能是在更新世晚期之初，距今大约十多万年以前，文化比新人为原始，属于旧石器时代的中期。由于最早的古人化石是1856年在德国的尼安德特山谷中发现的，在人类学上常把古人化石统称为尼安德特人（简称"尼人"）类型。

根据典型的化石，古人的腿比现代人短，膝稍曲，身矮壮，弯腰曲背，嘴部仍似猿人向前伸出，也没有下巴的突起，所制作的石器比猿人的有很多改进，这说明古人的手部结构有了新的发展，因而更加灵巧，脑量（1350毫升）比中国猿人的大些，脑子的结构复杂些，具有比猿人更高的智慧，可能已经会取火，能猎获较大的野兽，并用兽皮做简陋的衣服，和猿人相比，古人的劳动范围扩大了，生产力提高了。所有这些情况，都显示古人在发展的进程上比猿人又向前跃进了。

古人发明衣服和取火，是在人类发展史中继猿人创造石器之后的两件大事。因为，像我国关于远古的传说那样，"钻燧取火，以化腥臊"，（引用《韩非子》语句，反映了原始社会时期人类人工取火的现象。其作用是说明利用火增强了人类征服自然的能力，使人能吃到熟食，改变了人类的饮食方式。）就会扩大食物的范围；同时能制作衣服和随时随地能取火御寒，就能适应不同地区的各种气候条件，扩大了人类的活动领域，因而古人能分布在亚、非、欧广大地区。由于劳动协作的需要，在古人阶段的末期，应已具有形成原始社会的基本条件。由蒙昧的群居到社会组织的形成，是人类发展史上的一个非常重大的飞跃。

在我国已发现的古人化石，有广东曲江的马坝人、湖北西部的长阳人以及山西汾河流域的丁村人。这些化石的发现，显示当时华北、华南都有原始人类在生活着。马坝人和长阳人生活在江南时，江南气候温热湿润。在密林丛草中生活着大部分与现今在那里的相似的动物，如熊猫、剑齿象及犀牛等。丁村人生活在太行山西边的汾河流域，当时那里的气候比现在要温暖些，它们经常活动在汾河两岸的广阔地区，在那里制石器、取饮水、猎野兽。丁村人制作的石器，比中国猿人时期有显著的进步，出现了比较精细的石器，制作石器的技术有较大的提高。

（四）人类发展的第四阶段——新人

新人是古人的后裔，但在发展上又有新的飞跃。这种飞跃首先表现在新人的体质结构和形态，除去某些细节外，它们非常像现代人，已属于"智人"种，即现代人种。新人化石所显示的体质特征是：身材比较高大；四肢的特点是前臂比上臂长，小腿比大腿长；直立行走的姿势和现代人一样，不像古人那样弯腰曲背；颅骨高度增大，额部隆起，下巴突出；平均脑量与古人相同，但大脑皮层的结构更复杂化。

名师导读 / MINGSHI DAODU

❶ 火的广泛应用，改变了新人的身体特征。这无疑成为恩格斯提出的"劳动创造了人本身"理论的有力注解。骨针的发明，说明山顶洞人已经学会了缝制衣服。可见，生产工具的发明和运用成为人类不断进化的助力工具。

❷ 中国的山顶洞人懂得制作比较美观的艺术品，而欧洲的新人能够绘制动物题材的壁画。这些现象说明，无论东方还是西方，"爱美之心，人皆有之"，对艺术美的追求是古人类共同的文化特征。

新人开始出现于最近10万年之内，即更新世晚期的中叶，这时期的文化是处于旧石器时代的晚期。它们的分布比古人更为广泛，亚洲、非洲、欧洲、大洋洲和美洲，都发现了这一类型的人类化石。

我国发现的新人化石，在华北有周口店的山顶洞人（中国旧石器时代晚期的人类化石，因发现于北京市周口店龙骨山的山顶洞而得名）和内蒙古的河套人；在华南有广西的柳江人和四川的资阳人等。这些新人化石头骨显示黄种人的特征。在法国发现的新人称为克罗马努人，则具有某些白种人（欧罗巴人种）的特征。

［新人的劳动经验和技能有了更大的进步，会制造复杂的石器和骨器，是机智的猎人。它们取火烤煮食物，大大地减轻了用嘴巴撕咬生肉时的用力，因而原来向前突出的嘴巴向后退缩，相反在嘴巴下面出现了向前突出的下巴。山顶洞人的劳动工具有骨针，显示它们能用兽皮之类缝制衣服，比古人的那种简陋衣服应该有了改进。］❶

［由于劳动效率提高，新人开始能腾出时间来从事艺术活动。例如山顶洞人除制作劳动工具之外，开始制造比较美观的装饰品，如穿孔的小石珠、挖孔的兽牙、磨孔的海蚶壳和刻纹

的鸟骨管等。这些艺术品的制作，需要较高的技术。在欧洲（法国、西班牙、苏联）曾在新人（克罗马努人）居住过的洞壁上发现以动物为题材的壁画。]❷

从新人阶段起，现代各主要人种开始分化出来。例如上述在我国发现的山顶洞人具有黄种人的特征，是蒙古人种的祖先；在法国发现的克罗马努人具有白种人的特征，是现代欧洲白种人的祖先。

人类文化的发展，经过新人阶段的旧石器时代晚期以后，先后进入新石器时代及金属时代。愈到后来发展愈为迅猛。从新石器时代的开始到现在至多不过1万年左右，金属时代的开始到现在不过数千年，人们开始利用电能到现在不过一百多年，原子能的利用则仅是最近几十年的事；而新石器时代以前的发展阶段，则动辄以数十万年到千百万年计。由此可见，人类的发展不是等速度运动，而是类似一种加速度运动，即愈到后来前进的速度愈是成倍地增加。

名师赏析 / MINGSHI SHANGXI

本文为1972年9月由科学出版社出版的《天文、地质、古生物资料摘要（初稿）》一书的第四部分。作者简明扼要地阐述了地球上从原始生命出现到人类祖先诞生的全过程。作者深知用事实说话的重要性，故其所选资料均有理有据，准确普及了古生物学和古人类学的基础知识。全文体现了实事求是的科学精神和辩证思维的学术思想，堪称后辈学人学习的榜样。

● 延伸思考 ···

人类的发展经历了哪几个重要阶段？

人类起源于中亚么？

　　近几年来，因为美国纽约自然历史博物馆的第三亚洲探险队，在蒙古和天山北路一带，发现了许多爬虫和哺乳动物的遗骸，并且证明北美古代的爬虫有许多是亚洲种的后裔；一班研究高等动物进化程序的人，愈觉得中亚是大多数高等动物发祥的地方。（此句总领全篇。通过发现于中亚的遗骸，科学家认为中亚是大多数高等动物的发祥地。）人类学者对于此种发现，尤觉饶有趣味。就是第三亚洲探险队的领袖安德鲁斯（美国探险家和博物学家，曾任美国自然历史博物馆馆长）氏自身，也曾再三声明，说他们到蒙古最大的目的，正是想证明这种假定，根本不错。他们还抱着极大的希望，去找人类始祖的遗骨。

　　中国领土内的发掘事业，是不是应该烦外国人代劳，第三亚洲探险队的目的，是不是纯粹限于科学事业，我们虽不敢断言，但是，我们可以说，他们的工作，对于哺乳动物和人类的发达史的确有不少的贡献。从他们过去的成绩，不难推测他们工作的情形和他们主要的目的。

　　提起人类起源的问题，除了无知无识者和一班宗教家外（特别自称为原始信徒 "Fundament Alist" 者），恐怕没有多少人不联想到猴子的身上去。可是猴子的种类很多，各种猴子与人相去的程度也不大相同。达尔文曾经说过：最高级的猴子与最低级的猴子相比，它们的差别，恐怕较最高级的猴子与最低级的人类的差别还要大。所以考查人类的起源，在一方面固然可以从人类自身追溯，而另一方面还少不了要查猴子进化的历史。在现在这个世界上生存的猴子，种类已经不少；还有许多种类，久已灭迹了。所以我们如若想研究猴子的发达史，除动物学上的工作外，还得要借重古生物学。北京协和医学校的步达生（D. Black）氏（步达生，加拿大解剖学家。1919年，任北京协和医学院教授。他是周口店考古工作的负责人之一，发表过多种有关北京人和中国新石器时代人骨的论著），最近在中国地质学会会志第四卷第二号上，发表了一篇文字，搜罗一切关于古代猴子分配的事实，并说明其如何如何分配的原因，极得要领。凡属留心人类起源者，似乎不可不一读。

步达生的讨论，共分三步。第一，由现今世界的地势总说猴子与猿人传播的情形。第二，从古代的地势观察它们传播的程序。第三，论到古亚洲大陆（Palasia）的形状组合对于猴子的进化及其传播应有的影响。

在第一步的讨论中，步氏根据莱德克（Lydekker）（英国古生物学家）和马太（Matthew）（美国生物学家）的意见将赫胥黎（Huxley）所谓大北动物区域（Arctogaea）及大南动物区域（Notogaea）分为五大区：（一）全北区（Holarctic），包括北亚、中亚、欧洲全部、非洲北部、美国的大部分及墨西哥的北部。（二）远东区（Oriental），包括中国南部、印度及南洋群岛。（三）南非区（Ethiopian），包括非洲中部、南部及马达加斯加群岛。（四）澳大利亚区（Australian）。（五）新热区（Neotropieal）（即新热带区），包括中美及南美全部。

现在生存于这些区域的猴子以及在这些区域中已经发现的猴子化石，种类虽然不少，但其中最显著的分配，都有一个相同的系统。例如狐猴类（Prosimiae）中现在生存各种，几乎有一半都限于马达加斯加群岛；其余有若干分布于非洲大陆，若干分布于远东区的东南境。而在此二区域生存的狐猴，不独无同种，并且无同族，证明它们共同的祖宗，必定久已消灭。在全北区中，现在绝无狐猴。可是在中国北部以及北美欧洲都有初级狐猴生存的遗迹。那些初级的狐猴，皆属于古新乃至初新时代。就进化的阶段讲，它们发育的程度，大致相等；而它们一部分散布于美洲的北部，一部分散布于欧洲，无怪乎马太、斯特苓（Stehlin）（瑞士古生物学家）诸氏相信此等猴类，必有共同的祖先，那些祖先发祥之地，应该在欧洲与北美间之某处，中亚细亚喜马拉雅山以北一带，恰合这种条件。

其次，步氏说及广鼻猴类（Platyrrhine）。这种猴类的分布，全限于新热区。它们与人类的起源无关，兹不必说。与人类有直接关系的猴子，乃是狭鼻猴类（Catarrhine）。其中猕猴（Cercopithecidae）、人猿（Simtüdae）两族，与现今人类的发育最有关系。

猕猴可分为两亚族。其一体格较小，又称为小猕猴宗（Semnopi-thecinae）。其他体格较大，可称为大猕猴宗（Cercopithecinae）。古代小猕猴的遗骸，曾经发现于波斯、希腊、意大利及埃及等处。它们都属于次新（Miocene）（即上新世）及更新（Pliccene）（即更新世）时代。现今的小猕猴，分为两支，一支无拇指，分布于非洲；一支所谓天狗猴（Nasalis）类，其分布限于远东区。俾路芝（巴基斯坦面积最大的省，位于与伊朗及阿富汗交界地区）到红海一带，绝无小猕猴的踪迹。所以从小猕猴在古代及现在分布的情形看起来，步氏唯有假定中亚为其发祥之地，才可说明其连续传播的事实。从大猕猴在欧亚非三洲分配的情形推论，步氏得了同样的结案。

再次，说到人猿族。此族中现今存在者，有长臂猴（Hylobate）、大猩猩（Gorilla）、山般子（Anthroropithecus）（即山魈）、西猕猩猩

（Simia）等类。其中大猩猩及山般子的分布，限于非洲赤道一带。长臂猴和西狝猩猩都在远东区的热带附近，如云南、安南、琼州以及南洋群岛各处。这四类猴子，就其身体的构造而言，长臂猴最特别。大猩猩和山般子颇相类似。西狝猩猩与前说两类比较，相差颇大。所以步氏推测人猿族的祖宗必定发祥于非洲与远东区之间的地域；而且必定经过长时间的变化，它的子孙才发生今天体格上的差异。步氏这种的断定，有许多初级人猿类的化石可以佐证；那些化石产于印度的北部及欧洲的南部。它们都属于少新及次新时代。其中最有力的佐证，是有许多事实，表示欧洲的初级人猿，比它们在印度的同类，离祖宗发祥之地较远。

在第一步讨论中，步氏最后提及各色人类的分布。其中有三点足以使我们注意：（一）一切现今的初级人种（Protomorph）如日本之虾夷（一译阿依努人，住在北海道、库页岛和千岛群岛的古老民族）、非洲之火地岛（Fuegian）、南非洲之博托克多（Botocudos）都分配在全北区的边陲，或其附近。（二）现今已经发现的猿人化石，在东方的要算爪哇人（Pithecanthropus erectus），在西方的要算皮尔道人（Eoanthropus Dowsoni）及海德堡人（Homo Heidelbergensis）。这两批人类几乎同时传播到欧亚大陆的两端。大概第四纪的初叶——但是严格地讲起来，爪哇人到爪哇的时期，少许在先。皮尔道人和海德堡人到欧洲的时期，少许在后。（三）在爪哇曾经发见澳洲人的祖先。这些事实仿佛都表示人类的传播，都是由亚洲的中央向四面八方移动的。

步氏立论，完全根据马太意见。马太说："无论什么是使一个种族进化的原因，在那个种族发祥之地（也可说是他传播的中心），他的进步常常最快，并且在同地应其环境的变更继续进步。每次进步，必致较高级的种族同外传播，仿佛波浪。所以在一定的时候，最高级的种族，离传播的中心最近。最守旧的种族，离传播中心最远。"根据这种意见去看以上所述各项事实，<u>我们似乎不能不承认步氏的结论；那就是自第三期的初期以至近代人类发生之日，中亚细亚为大多数高级动物发祥之地。</u>（双重否定表示肯定，指出步氏结论的可信性。）

步氏第二步的讨论，是利用葛利普氏最近所编的古代地势沿革图。葛氏的地图，是专从无脊动物的分配上研究得来的。然而他所表示的海陆变迁，恰与步氏理论上所要的条件相合。即此一端，愈觉人类起源中亚之说可靠。

步氏第三步立论，多为他个人的理想，待证实的点颇多。现在我们在此似乎不必详论。

名师赏析 / MINGSHI SHANGXI

本文发表于1926年《现代评论》第三卷第78期。关于人类起源问题，历来众说纷纭。20世纪20年代，一些科学家认为人类起源于中亚，作者结合步达生的文章，对这一问题进行了探索分析。由文章可知，步达生搜罗一切古代猿猴分布的事实，并参考了马太的意见，还利用了葛氏编绘的古代地势沿革图，才提出自己的观点。作者通过科学分析，基本认同步达生的学术观点。人类起源于中亚仅是一种学术观点，而当今主流科学界则支持人类起源于非洲说，不过作者的探索精神还是值得肯定的。

● 延伸思考

1.步达生的讨论主要分为哪三步？

2.步达生立论的理论根据是什么？

读书与读自然书

　　什么是书？书就是好事的人用文字或特别的符号或兼用图画将天然的事物或著者的理想（幻想妄想滥想都包在其中）描写出来的一种东西。这个定义如若得当，我们无妨把现在世界上的书籍分作几类：（甲）原著，内含许多著者独见的事实，或许多新理想新意见，或二者兼而有之。（乙）集著，其中包罗各专家关于某某问题所搜集的事实，并对于同项问题所发表的意见，精华丛聚。配置有条，著者或参以己见，或不参以己见。（丙）选著，择录大著作精华，加以锻炼，不遗要点，不失真谛。（丁）写著，拾取他人的唾余，敷衍成篇，或含糊塞责，或断章取义。（通过分类别的方法，将世界上的书籍分门别类。作者意在引导读者应有选择地读书。）窃著著者，名者书盗。假若秦皇再生，我们对于这种窃著书盗，似不必予以援助。各类的书籍既是如此不同，我们读书的人应该注意选择。

　　什么是自然？这个大千世界中，也可说是四面世界(Four dimensional world)（即四维世界）中所有的事物都是自然书中的材料。这些材料最真实，它们的配置最适当。如若世界有美的事，这一大块文章，我们不能不承认它再美不过。可惜我们的机能有限，生命有限，不能把这一本大百科全书一气读完。如是学"科学方法"的问题发生，什么叫作科学的方法？那就是读自然书的方法。

书是死的，自然是活的。读书的功夫大半在记忆与思索。有人读书并不思索，我幼时读四子书（指《论语》《大学》《中庸》《孟子》四部儒家的经典。此四书是孔子、曾子、子思、孟子的言行录，故合称"四子书"）就是最好的一个例子，读自然书种种机能非同时并用不可，而精确的观察尤为重要。读书是我和著者的交涉，读自然书是我和物的直接交涉。所以读书是间接的求学，读自然书乃是直接的求学。读书不过为引人求学的头一段功夫，到了能读自然书方算得真正读书。只知道书不知道自然的人名曰书呆子。

世界是一个整体，各部彼此都有密切的关系，我们硬把它分成若干部，是权宜的办法，是对于自然没有加以公平的处理。大家不注意这种办法是权宜的，是假定的，所以嚷出许多科学上的争论。Ievons说按期经济的恐慌源于天象，人都笑他，殊不知我们吃一杯茶已经牵动太阳倒没有人引以为怪？

我们笑腐儒读书，断章取义咸引为戒。今日科学家往往把他们的问题缩小到一定的范围，或把天然连贯的事物硬划作几部，以为把那个范围里的事物弄清楚了的时候，他们的问题就完全解决了，这也未免在自然书中断章取义。这一类科学家的态度，我们不敢赞同。

我觉得我们读书总应竭我们五官的能力（五官以外还有认识的能力与否，我们现在还不知道）去读自然书，把寻常的读书当作读自然书的一个阶段。（卒章显志。作者倡导做学问的人应竭力去读自然书，不要被寻常的读书所限制。）读自然书时我们不可忘却我们所读的一字一句（即一事一物）的意义，还视全节全篇的意义为意义，否则便成了一个自然书呆子。

名师赏析 / MINGSHI SHANGXI

　　这是李先生专为青年学子写的如何读书的一篇随笔，发表于1921年11月2日的《北京大学日刊》。他认为，读书的目的是为了思考；读书不能读死书，也不能死读书；要读自然的书；要活学活用，不可以偏概全。李先生提出的"读自然书"真是一个好建议。因为，只有在自然中读书你才会发现自然界奥妙无穷，只有在自然中读书你才会发现自然界的规律是不以人的意志为转移的。我们要读自然这本大书，要遵循自然规律，不要断章取义，要把所发现的规律在自然界中反复验证。

● 好词好句

精华丛聚　配置有条　敷衍成篇　含糊塞责　断章取义

　　读书是我和著者的交涉，读自然书是我和物的直接交涉。所以读书是间接的求学，读自然书乃是直接的求学。

　　读书不过为引人求学的头一段功夫，到了能读自然书方算得真正读书。

　　只知道书不知道自然的人名曰书呆子。

　　读自然书时我们不可忘却我们所读的一字一句（即一事一物）的意义，还视全节全篇的意义为意义，否则便成了一个自然书呆子。

● 延伸思考

1.作者认为，世界上的书籍可以分为哪几类？

2.作者提倡的读书态度和读书方法是什么？

3."书是死的，自然是活的。"你怎样理解这句话？

如何培养儿童对科学的兴趣

要培养儿童对科学的兴趣，首先要培养儿童对祖国、对劳动人民的热爱。也只有具有这种热爱的人，才能无私地去钻研科学，用科学的成就来发展祖国的生产能力，提高文化水平，从而把那些宝贵的成就贡献给全体人类，丰富他们的生活。这样才能充分地发挥无产阶级领导的社会中儿童的高贵品质。这种崇高的品质，不是资产阶级社会中从事儿童教育的人们所能彻底了解的。

科学对于自然犹如战争中的武器。要想战胜自然，我们必须掌握这种科学的武器。（运用比喻修辞，生动形象地阐释了科学对我们战胜自然的重要作用。）苏联伟大的生物学家米丘林说："我们不能等待大自然的赐予，我们要向它夺取。"为着使自然更驯服于人类的意志，我们必须从认识自然进到改造自然，而科学就必须在这样的过程中发挥作用。

应当使儿童从很幼小的时候起，就注意到自然的伟大。家庭和学校的教育应该培养儿童对自然的兴趣和改造自然的愿望。在儿童好奇探求自然界知识的时候，应该加以诱导，应当利用游戏和玩具来发展儿童对于自然的认识和创作的要求。譬如建筑的游戏，可以培养思考和想象力；沙土的游戏，可以初步地发展改造世界的要求和愿望；飞机模型的创造，可以增加儿童对于航空机械的兴趣；而庭园种植花卉的劳动、大自然中的旅行、工厂的参观，都可以培养儿童对于大自然的爱，对于祖国的爱，对于科学的兴趣。有许多儿童从小就有将来做科学家的愿望，这是好的，但必须好好地培养。我们科学工作者们，应该帮助学校培养儿童对科学的兴趣。譬如与儿童会见，给他们讲科学发明的故事与新的科学成就，帮助儿童进行科学的实验和创造活动等。

新中国的儿童是完全有条件在科学上发展自己的才能的。为了获得科学的成就，我们还须更艰苦和更坚决的努力。苏联伟大的生物学家米丘林、伟大的生理学家巴甫洛夫（苏联生理学家、心理学家，条件反射理论的建构者，1904年荣获诺贝尔生理学或医学奖）一生的奋斗，对于这种必需的毅力，就提供了很好的榜样。伟大的无产阶级导师马克思、恩格斯、列宁的一生奋斗的事迹和伟大的理想，更辉煌地照耀着我们儿童们光辉灿烂的前途，我为新中国幸福的儿童们欢呼。

名师赏析 / MINGSHI SHANGXI

本文于1952年5月31日发表在《人民日报》上。李四光认为，科学之于自然犹如武器之于战争，有着至关重要的作用；而新中国的儿童完全有条件发展科学才能。因此，他强烈呼吁培养儿童对祖国和自然的热爱、对科学的兴趣，并对儿童寄予了殷切期望。

● 好词好句

热爱　无私　崇高　彻底　赐予　诱导　改造　辉煌　照耀

● 延伸思考

"应当利用游戏和玩具来发展儿童对于自然的认识和创作的要求。"对此，作者提出了哪些积极建议？

风水之另一解释

　　世界的组织我们都知道是一个极复杂的东西。它各部分彼此的关系，各部分彼此的反应，各部分彼此的牵制，往往在我们的意料以外。这固然不足为奇，因为自从我们像猴子的祖宗一直到现在，我们人类所得的知识还是有限极了。但是有时候我们睁着一对好眼睛做瞎子。有许多事情我们并不是不知道它们彼此的关系密切，然而我们却把那种的关系忽略地看过。忽略看过的缘故，或者是因为那些关系的影响太小，我们看不清楚；或者因为影响太大，我们看不完全。

　　近年来科学的范围渐渐地扩充。什么黑暗的地方，我们也要用科学的光来照它一照。从前人信为真实的事，有许多我们却知道是迷信。又有些从前以为是迷信的事我们倒渐渐地觉得它有点道理。比方鬼那个东西，我们从前都以为他没有存在，一切谈鬼都是胡说，都是迷信。现在我们确知道有许多奇奇怪怪的事实引起从前的迷信。那些事实实在有用科学的方法研究的价值，（这里，作者无意为迷信翻案，只是提醒读者，迷信的东西背后那些"奇奇怪怪的事实"确有进行科学研究的必要。）在欧洲有许多科学名家，尤其是物理学家，简直相信有鬼。不过他们所说的鬼与从前迷信的鬼性质有点不同。

　　我们国里的人，向来做一间房子，或者埋一个死人，都要先问堪舆（风水）家门向利不利，来龙好不好。近年来，大家讲点科学，都知道这种糊涂的举动，有碍文化的进步，想快快地设法摆脱，在国人的思想上总算进了一步。但是如若再进一步，恐怕我们反而要把"风水"拿来研究。就现在我们的知识看起来，风和水对于人生确确实实有重大关系。［不过我们现在所说的风水，与从前所说的风水根本上有不同的地方。好像古式天文学（Astrology）与现今的天文学（Astronomy）有不同的地方一样。］❶他们从前所说的风水的影响，仿佛先必经过死人，或者一种神秘不可思议的机关，然后才能到活人的身上。［我们现在所说的风水，直接地影响于我们自己日常的生活。那种影响或者有一部分，在我们活着的时候，由我们传到我们的子孙。］❷他们从前所说的风水，只影响于得地气的一家或一族。［我们现在所说的风水，影响于一个民族或者一个民族的一部分人。］❸他们从前所说的风水最后以一家一族的盛衰、吉凶祸福为归结。［我们现在所说的风水，以一地居民的生活状态，或其文化的种类，或其程度为归结。］❹他们从前所说的风水，以甲、乙、丙、丁，子、丑、寅、卯，青龙、白虎等无意识的名词为要素。［我们现在所说的风水，乃是真正以风以水及其他可凭可据的种种地上或地下的现象为要素。］❺

名师导读 MINGSHI DAODU

❶ 本文所说的风水与迷信所说的风水，在根本上是截然不同的。作者开宗明义，泾渭分明地提出自己的论点。

❷ 本文所说的风水，影响人们的日常生活，部分影响到后代子孙。（风水对国民的影响）

❸ 本文所说的风水，影响一个民族或一个民族的部分人。（风水对民族的影响）

❹ 本文所说的风水，归结为对某地民生和文化的影响。

❺ 本文所说的风水，以具体的自然物为研究对象，不玩抽象名词的文字游戏。

人是一个动物，多少能自由行动。但是所有的动物不必都能行动。有许多动物，比如珊瑚类（指珊瑚虫，包括珊瑚纲中的许多类生物。珊瑚虫会分泌一种石灰质骨骼，这些外骨骼和珊瑚虫就构成了珊瑚），身上有一种根，长在地上，自从它生出来的日子一直到死，简直没有移动的机会。还有许多动物在幼时能自由行动，一到长成，便变成了一种固定的东西。人类虽有自由行动的能力，然而就是在现在交通方便的时代，大多数人能行动的范围还是不能不受天然的限制。并且世界上有许多人虽然没有有形的根，然而不知不觉在他居住的地方长了许多无形的根了。在地上生根的动物，由一定的地方吸收一定的养料。它们的生活状态乃至它们的形状，当然要受当地物质上种种的制约，这是极为明了的。但是关于高等动物，比如人类，因为他们有自由行动的能力，因为他们有智能的作用，所以他们所居的地方，或者也好说他们所在的环境，对于他们的生活状态，有何等影响，有无影响，却是不容易看出来。就大概而言，大家都觉得环境对于人生，都有一种关系，大家心里，酿成这种信仰，自然是因为有许多事实隐隐约约地做证据，所以后一层没有问题，但是有如何关系，有何等关系，这一层倒要费研究。（本文所谈的风水，也就是指环境对人或人群的影响。）

要研究这个问题，我们不能不先做一点分析的工夫。什么叫作环境？通俗的意义颇欠明了。现在我们要造一个较为概括的，而且较为正确的界说（定义的旧称）。人类所处的环境约略地可以下表表明：

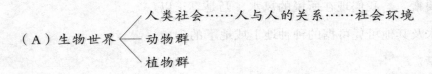

（A）生物世界
人类社会……人与人的关系……社会环境
动物群
植物群

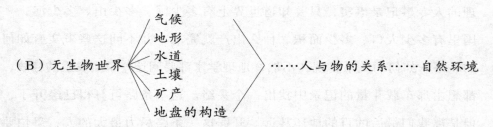

（B）无生物世界 — 气候 地形 水道 土壤 矿产 地盘的构造 ……人与物的关系……自然环境

以上是环境一方面的分析：至若关于人类的生活状态事件很多。但是其中最重要的，大都可概括在下列表中。

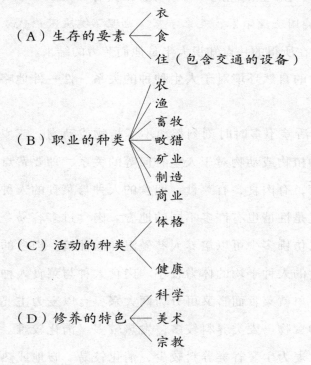

（A）生存的要素 — 衣 食 住（包含交通的设备）

（B）职业的种类 — 农 渔 畜牧 畋猎 矿业 制造 商业

（C）活动的种类 — 体格 健康

（D）修养的特色 — 科学 美术 宗教

（E）社会的秩序

现在进一步求两方面的关系。

社会环境对于个人如何的重要久已有社会学者替我们研究，现在不用多说。自然环境对于人生的关系，近年来也渐渐有人研究。从前讲地理的人专事记录事实，只要知道世界上有多少国、多少山、多少河，一国里有多少人口、多少面积、什么出产就完了，并不问这些事实有如何的联络、如何的关系，现在不然，地理学家都要问这些事实发生的缘故，都想由那车载斗量的记录中找出一个头绪。这一条路可算得已经开了，但是离我们最后的目的地还甚远。开辟这一条路尽力最大的人，恐怕要数W. M. Davis（戴维斯，美国地理学家、地质学家、气象学家，被称为"美国地理学"之父）、De Martonne（马东男，法国自然地理学家）、Huntington（亨廷顿，美国地理学家、气象学家，地理环境决定论代表人物之一）诸氏。我们现在所得的一点知识大半是他们劳力的结果。

现在我把以前所举的自然环境对于人生种种的关系一件一件地略述一遍。

动植物　人类的生活差不多时时刻刻都离不了植物或动物，三岁的孩子都知道。但是某种植物或动物对于人生有何等的关系，却要费点考究。比方单就食料而言，有肉食，有菜食，肉食的人种与菜食的人种比较，不独体格不同，就是性情也有许多不同的地方。肉食过多容易令人发展凶恶性。菜食主义仿佛多少可以培养人慈爱温和的性情。肉食的人种平均体力较大。菜食的人种平均的体力较小。肉食人种与菜食人种中流行的疾病往往不同。单就菜食而言又可分为两大宗：有以麦为主要的食物，有以谷为主要的食物。麦类养料较多，发热较多，消化较难。寒冷地方的居民，大都吃麦为生。谷类养料较少，消化较易。暖地或热地的居民，多以米为生。这不过就大概而言，当然有许多例外。

不独人类的食料与动植物有如此的关系，就是衣住两项要素，也视附近的动植物的种类为转移，人类在未开化的时代，这两个要素受动植物的牵制更厉害。试问穿皮与穿树叶比较，寒暖何如？居土洞与居树棚比较，生活的差别何如？骑马与骑象比较，快慢何如？再进一层，穿皮的人种、居洞的人种、骑马的人种与穿树叶的人种、住棚的人种、骑象的人种比较，他们习惯上的差别又何如？

我们北边的蒙古人以及我们西北边的吉尔吉斯(Kirghiz)人给我们顶好的一个例证。他们为什么善骑马？他们为什么得了游牧（生活在干旱草原地区的人，通过骑马移动放牧利用水草资源，以获取生活资料）的习惯？因为蒙古和天山北路诸地雨量很少，除了这一块那一块草场以外，植物极稀，五谷更不能生长，然则叫他们吃什么？自然只好吃牛酪羊酪、牛肉羊肉，穿牛皮羊皮。牛和羊吃什么？只好吃草。吃得快，长得慢，牛羊要饿死了。有什么办法？只好再找一块有草的地方。所以他们终年跑来跑去。现在我们懂蒙古人何故有游牧的习惯，吉尔吉斯人何故夏天上天山、冬天到天山以北的平原生活。不用说，以游牧为生的民族，从生到死为日常的必需奔走之不暇，还有什么安堵的地方给他们坐着想一想世界上的事，还有什么机会给他们谋一点高尚的娱乐，那么，有什么科学美术，有什么文化可以发生？

各种动植物在世界上的分布不是偶然的，乃是要受自然情形的支配。自然情形之中支配动植物的分布的，以气候、地形、土壤三项较为重要。三项之中气候尤为重要。（过渡段。作者认为动植物的分布受自然情形支配，而自然情形尤以气候为重。根据事理逻辑进行过渡，文章脉络清晰，环环相扣。）

气候　通俗所谓气候，指平均的天气而言，意义不甚明了。我们现在所说的气候，包含一个地方每日平均的湿度及每日温度的变更，四时平均的温度及四时温度的变更，雨量的大小，降雪的多少，空气的湿度，云雾的轻重或有无及其他空气中一切的情形。

名师导读 MINGSHI DAODU

❶ 动物的分配与气候的关系，通过地图就可以直观看出来，所以作者在这里简写，未予举例，一笔带过。

❷ 对植物受气候支配，作者进行了详写。受气候的冷热干湿的影响，植物生长各异，从而影响到食用这些植物的人类身上。

❸ "太阳中的黑点"，即太阳黑子。天文学家对黑子的活动从1755年开始标号统计，得出太阳黑子的平均活动周期为11.2年。

气候对于人生的影响可分为两方面说：（一）间接的影响，（二）直接的影响。所谓间接的影响，就是人生种种的需要大半都不能不受气候的支配。比方寒冷地方或温暖的地方抑或极热的地方的动物都有特色。种类既异，繁殖的情形也各不相同，动物学家把这些气候不同的地方的动物群分开，定了特别的名称。动物学家和古生物学家都知道热带动物群(Austral fauna)，寒带动物群(Boreal fauna)有如何的异点。［要明白动物的分配与气候的关系，我们随便拿一张动物分配地图一看就知道。］❶［植物也是受气候的支配。寒冷地方的植物都矮小，顶冷的地方只有苔藓类的植物发生。热地的植物常茂盛高大，易成丛林，湿地与干地的植物又大不相同。比如禾稻类性喜卑湿，稷麦类性甚干燥，它们的成分多少都有点不同。所以在吃它们用它们的人类身上，自然也应该发生不同的影响。］❷

气候学家向来有一个问题，至今还没有完全解决。那就是世界上的气候仿佛有周期的变更。［这个周期的长短大概十年十一年，或者十年十一年的倍数。这种周期的变更仿佛与太阳中的黑点的出没有一定的关系。］❸据近来 A. E. Douglass（道格拉斯）（美国天文学家）的研究，这种周期的变更影响到树木年龄轮的厚薄。即此一端，足见植物与气候息息相关的情形。

不用讲这种精微的地方，就是从极粗浅的地方着想，我们也知道气候与人生关系如何的密切。像我们这样的农业国家，遇了几年大旱，或者雨量过多发生了水灾，几百万男女老幼都是流离颠沛，一切的事业因而废弛。高尚的修养，比如种种教育机关，只好停办了。

人类的食品与气候也是大有关系。冷地方的人宜多食发热的食料，比如麦类、乳酪类、脂肪类。这些食品滋养料甚多，所以冷地方的人体力较大。热地方的人多食清淡的食料，比如水果、瓜菜、米类。若吃发热太多的食料，必致发生消化不良的病。世界上有一种顽固守旧的英国人，他们到南洋殖民，每日早餐还要吃两个鸡子、一块咸肉。吃了不过一两年，他就要请病假回国了。（举例说明。语言风趣幽默，富于生活气息，令人在莞尔之余明白气候对人类饮食习惯的重大影响。）我们的饮食不能不受气候的支配于此可见一斑。

我们所住的房屋的大小形式也要受气候的支配。中国北部的房子为什么平顶矮小的居多，南部的房子带屋脊而且较为高大居多，都是因为雨量风力所逼迫而成的。这一层不用细说，我们都知道。

我们的职业，甚至于一国工商业的发展，有时与气候也有重要的关系。请看我们国内所用的洋线、洋纱（旧时对棉线、棉纱的称呼），从前差不多都是由英国运来的，近来从英国运来的还不算少。英国的纺织差不多都在Lancashire（兰开夏郡，英国英格兰西北部的郡，西临爱尔兰海；多雨雾，秋冬尤甚；16~18世纪亚麻、毛、棉纺织工业迅速发展，成为全国最大的纺织工业区）一省。我们看世界上棉花分布的区域，并没有Lancashire这个地方。然则何以那里的纺织业发达？我们看世界上雨量分配图，就明白那个原因。原来Lancashire一带空气很湿，而纺织事业宜于空气湿的地方。有了这种天然的条件，并且还有其他天然的条件凑合，所以Lancashire的纺织业是非常的发达。

现今世界上人文的特色，可以说是自由地利用天然势力。现在我们所用的天然势力，大半都出在煤和煤油身上。通全世界地下所储蓄的煤和煤油有一定的分量。现在我们用起来一天多一天，而它们在地下一点也不能增长。那么一定有一天煤和煤油要用尽了，这个时期并不甚远。那时候我们的汽车、电车恐怕一齐都要停摆，有什么法子补救？我们只好另外辟一个天然势力的渊源。由原子里取出来，恐怕做不到。仰仗木材，木材长得太慢。将来恐怕有一天我们还要大计划地从太阳身上想法子。这法子并不太难。太阳每日给我们地球许多热能力，不过有的地方空气中湿气太重、云雾太深，将太阳送来的热力吸收去了。现在世界上已经有人做出太阳发动机，不过不甚完善，效力不大。这种机器将来如若能改良，现在人人放弃的撒哈拉(Sahara)大沙漠或者变成与现在世界上顶好的煤田相同。（举例充满想象力，可见作者对太阳能在未来的发展前景极为乐观。）

以前所说的都是气候间接地对于人文发生的影响，还有许多直接的影响。

昨天天气清和，我们都觉得做事格外爽快。今天天气阴湿，大家觉得精神萎靡，做事也比昨天迟钝。一入初夏，筋骨都觉得松了。一交秋令天高气清，我们的头脑仿佛格外的明晰，筋肉格外的紧张，仿佛发生一种乘长风破万里浪的气概，这种感觉正是表示气候对于人类的精神身体有何等直接的影响。关于这一层，Huntington研究最详。他曾用统计的方法把世界各地方的湿度、温度对于居民的健康程度的关系，做出几个

世界经典文学名著 · 名师精读版
CLASSIC LITERATURE
看看我们的地球：穿过地平线

重要的图。他又做出许多图来比较世界各地文化的程度与气候的关系。照Huntington研究的结果，气候的变更比平均的气候对于人类的影响较为重要。

热带地方的人民容易饱暖，体力较小，所以他们不好运动，而好静想。一方面使他们发生怠惰的习惯，一方面使他们易倾向于消极的思想。然则佛教出于印度乃是自然而然，并非偶尔。埃及、波斯等地文化只限于人文发展的初期，一部分也可从气候上解释。

然则世界上各处的气候何故发生了差别？这是一个根本上的问题。我们对于这个问题可以简单地回答，分为三层：（A）受纬度的支配，（B）受气流及潮流的支配，（C）受地面的高度及形势的支配。（用分类别的方法，准确地归纳出世界不同地区出现气候差异的原因。）假若地球的表面极为平均，无高低的差别，无海陆的差别，那么，全地球可分为许多气候圈，每个气候圈都与赤道平行，同一时候各气候圈所受的阳光不等。在赤道附近，当春分、秋分时候，太阳正在赤道之上，所以受阳光最多。当冬至、夏至时候，太阳离赤道最远，所以受阳光最少。但是这种变更不甚重要，因为一年之中，每日正午太阳总离顶线不远。若由赤道向北极走，离赤道愈远，太阳的光线射到地面愈斜，但是同时昼夜长短的差愈大。若在夏季昼愈长夜愈短，因为白天的时间增长，所得的阳光与因为光线变斜所失的阳光两两相消。在六月廿一日北半球所受的阳光有两个最大的处所，一个在纬度四十三度半，一个在北极。纬度六十二度附近所受的阳光最少。正月廿一日南半球的情形与北半球六月廿一日受太阳热的情形大致相似。

然而就事实上看来，世界上的气候并非按着这种受阳光的情形分配的。热带地方有雪山，比如Kilimanjaro（乞力马扎罗山，非洲最高的山脉，素有"非洲屋脊"之称，位于赤道与南纬3°之间，是坦桑尼亚和肯尼亚的分水岭，山顶终年布满冰雪）、Ruwenzori（鲁文佐里山，号称"赤道雪山"，在乌干达境内），纬度极高的地方比如挪威的北部也可居人。这就是一方面有地面的高度调剂，一方面有暖潮调剂。以前曾说过英国西部Lancashire一带比东部的雨量较多。其所以发生这种差别，就是因为英国中间有一条山脉由北至南名Pennine Range（彭奈恩山脉），由大西洋来的风中所含的湿气一半为这个山脉所挡住。我们中国南方雨量较多北方较少，一半自然是季候风使然，一半也是因为中间有一条很长而且很高的秦岭挡住东南边来的湿气。

高山不独如前所说能支配湿气的流动，并且能促水气的凝结。照以前所说的种种事实看来，一地的气候至少有一部分受地形的支配。

地形及水道 一个地方的水道乃是直接受那个地方地形的支配显而易见。这两层无妨并作一层说。地形与人生的关系也可从两方面说去：（一）间接的影响，（二）直接的影响。间接的影响又可分为几层说。植物群的分布常与地面的高度以及地面的形势有一定的关系。比方在喜马拉雅山脚，我们所见的植物是热带的植物，渐渐上山，植物的种类渐渐变更与温带地方的植物相当；到最高的处所所长的植物，却与寒带的植物形态相似。（举例说明。对中国人来说，喜马拉雅山的植物垂直分布具有典型性，更容易使受众理解。）动物群也是与地形有一定的关系。有的宜于山居，如猴类、虎豹类。有的性喜高原或平原，如驴、马等类。有的性喜卑湿，如鹿豕等类。所以居高原、平原的人得了驴、马等类交通的利器，他们长于骑驭，因之渐渐发生了许多特别的习惯。

为简单起见，我们可将各样的地形概分为二式：（一）丘陵式，（二）原野式。丘陵式的地方常有山脉起伏，河流萦绕。此种地方的河流往往较深而不易泛滥，便于行船。中国南部，即秦岭以南的地方，属于这种形式。原野式的地方常有广大的高原、平原，一起一落。高原与平原接头的地方地形变更甚急，河流较浅，河床极宽，容易泛滥，不利行船。中国北部即秦岭以北的地方，属于这种形式。一地文化的发展，交通的难易可算得是极重要的原因。所以泥耳河畔、Tigris（底格里斯河）、Euphrates（幼发拉底河）以及恒河流域等处，都是古代文化的渊源。中国西北境都是高山，东南一片浩海，所以几千年关在门里，与他族老死不相往来，没有什么进步。就中国内部而论，南北的情形亦有大不相同之处。南边因为有一条长江，所以近年来新思想发育较快。北边虽有一条黄河，不能利于交通。北部的居民新思想发达较慢，这不能不算一个大原因。

一个大陆上分了许多国。一国里往往又分了许多政治区域。这些国界和政治区域的境界，往往就是地形变更的地方，又可以说是地文区域的界线。请看英伦与威尔士的界线，西班牙与法国的界线，意大利和瑞士与奥国的界线，战国时代各国的界线，三国时代魏蜀吴的界线，现今中国内地十八省的界线，都不是偶然发生的，亦并不是绝对的用人工做成的，多少都有天然地形的关系或地文的关系存乎其中。一个国家理想的政治区域，当然应与那一国的地文区域多少一致，因为那样合乎自然的组织，就行政的便宜上说，最为经济；就政策上说，最足以启发各地方人民的特长。

至若地形对于人生直接的影响，可分为身体方面与精神方面两层。山路崎岖，往来行旅必要费许多的精力，且山上的气候往往比平原的气候变更较为剧烈，所以山居的人民往往体力较大，并且富于坚忍耐劳之性。平地的居民锻炼体力的机会较山居的为少，所以他们的性质、体格往往较为软弱。这是只就身体方面说的。若论到精神方面，影响之大较身体方面恐怕有过之无不及者。人类是最富于模仿性的一种动物。外界种种的形状，都在他心里留一个印象。这些印象他随时就可拿出来应用。我们何以知道做一个车轮？绝不是因为有了几何学，我们才能知道做出一个圆的东西。我恐怕天上的太阳、月亮早已把一个圆的观念给我们的祖宗了。由此类推，人类所有种种形态上的基本观念，恐怕不由天然界得来的很少。更进一层，人类自己的性格恐怕也不能逃脱天然界种种物象的支配。山象巍巍，所以山居的人禀性应甚沉重。水象清淡，常常流动，近水的居民应该禀性较为轻率而圆通。中国北部风景简单，黄土平原，一望数千百里，所以北方的人民赋性应该较为简单，较为直爽，但不免缓慢呆滞；南部山回水曲，景象随地不同，所以南方人心境应该较为复杂，往往智慧多端，但是不免近于狡猾。同为中国人种，数千年来受同样的教化，而性格竟相差若是。根本的原因大部分不能不归之于地文。（用比较的方法，将中国人种的南北差异归结于受地文的重大影响。）

　　然则地面何故发生种种形势，要根究这个问题，我们不能不讲到地质。

　　土壤、矿产、地盘构造　农业的发展几乎全视土壤的性质何如，不用详论。土壤的性质全视地下岩石的种类何如。岩石的种类又全视当地地质的历史何如。然则农业民族的生活状态与地质的情形有何等密切的关系，由此可以想见。不独农业与地质有如此的关系，就是一地的矿产对于一个民族发展的历史也往往有极重要的关系。比如欧洲自从工业革命以后需用煤铁日多一日。英国一国煤田甚多，英国的煤层并且常与可采的铁矿互相毗连或相距不远。有这种天然的利益，所以英国的工业发达独早。德法两国屡次交战，杀人数百万，虽然有种种历史上的原因，然而Alsace-Lor-raine（阿尔萨斯-洛林）的铁矿不能不算是惹起这种历史上的大事件的一大原因。日本铁矿甚为缺乏，它现在正在由农业国而变为工业国的时代，需铁很多，自己国里没有造铁的原料，所以只好极力到它邻近的中国来想法子。山西一省几乎全是煤田，现在因为交通不利工业不振，山西的人民还是多数业农，将来我们国里实业发达，山西必有大开煤矿之一日。山西人民大部分必致于抛弃他们祖宗遗传的农业而入于矿业一途。太原也许变成一个中国的柏明罕。矿产对于一个民族的前途又有如此重大的关系。

现在说到地形，各种的岩石结构不同，性质不同。各地岩石构造的情形往往各有特象。这些结构不同、性质不同、构造不同的岩石受了风雨的剥削各应其抵抗力的大小，在地面上成各种形状。岩层如有破裂或折皱的地方，在地面往往也有特别的形象发生。以前所说的英伦与威尔士交界的地方地形忽而变更，乃是两方面地层的种类不同、构造的形式不同所致。东面属于中生世的岩层折皱甚缓，西面属于古生世的岩层折皱甚急。英国中间之所以发生Pennine Range挡住西来的湿气，是因为古生世末期欧洲发生了一次地盘大改造，那就是地质学家都知道的Hercynian（海西）改造。意大利北境之所以有山脉，是因为第三期的中叶欧洲又发生了一回地盘的鼓动。中国秦岭以北地层折皱较少，破裂甚大，成平台式，所以地表的形状属于原野式。南部折皱甚多，所以成丘陵式。

伦敦之所以为伦敦，有人以为纯系偶然，其实大谬。伦敦地盘的构造像一个盆形，故名伦敦盆地。盆中都是为四边翘起中间凹下的地层填满。那些地层的构造对于造天然喷水井非常相宜。因为有这种天然的便利，所以当初有许多人家积居在伦敦盆地的中间，渐渐繁盛，于是才有今日的伦敦。巴黎之所以为巴黎，也可用同样的理由解释。

不要说这种大地方，就是极小的一个村落、一条道路的存在，只要仔细地考察，往往能找出地下的原因出来。比如一个小折皱，或是一个地层中的小裂缝，或是一层特别的岩石的露头，都可为收集居民的原因。常在实地调查地质的人，都知道这种奇怪的事实。

综括以上种种，我们现在敢下一个断案，那就是地下的种种情形有左右地上居民生活状态的势力。那种势力的作用，常连亘不断。它的影响虽然不能见于朝夕，然而积久则伟大而不可抗拒。人类既是自然界的一部分，怎样能逃脱这种熏陶孕育的势力？这种势力千变万化，运行各异其方。各地居民受其影响者，各具特殊之性。于是甲地的人民长于某种制造，乙地的人民工于某种美术，倘若各地人民逐渐发挥其天赋的本能，彼此和合，彼此补助，小而言之一地或一国的文化，大而言之全世界的文化乃得尽性尽量发展。我很希望政治学者、社会学者解决种种实际问题的时候，把我们现在所讨论的一层纳入考虑之中。我并且希望将来有机会根据这个原则来讨论中国的政治区域应如何划分。

名师赏析 / MINGSHI SHANGXI

本文是作者于1923年应北京大学地质研究会的邀请所做的演讲，全文刊在当年《太平洋》第四卷第1号。作者借"风水"一词全面讲述了"自然环境对于人生的种种关系"。文章将自然环境分解成四大要素（动植物，气候，地形及水道，土壤、矿产、地盘构造），通过举例子、分类别等阐述了自己的观点。全文有理有据，论证充分，对地质爱好者了解"人文地理"这一概念颇有裨益。

●延伸思考

请你谈一谈，作者所说的"风水"与迷信的"风水"有何不同。

进化论与科学思想的进化

　　前面约略地提到唯物主义如何建立了自然科学的基础，机械主义如何一面鼓励了科学家们寻找自然规律，而同时又给科学发展加上了一层束缚。那种束缚，不是由于别的缘故，而是由于机械主义本身。拿着机械的武装，好像快刀斩乱麻一样地向自然界推进的科学，在不同的领域内，正是因为受了机械的限制，便自然而然地表现出来了一种倾向，对抗这种墨守成规的、凝滞的倾向；一如一切自然的发展，常常一方面表现保守的倾向，而同时另一方面又表现着进展的倾向。这种进展的倾向，首先在生物科学领域内，明确地表现出来了。

　　当18世纪末期，法国工业资产阶级勃兴，为新兴的资本主义所紧紧地捆着，强力地驱策着的"自由"行动、"自由"企业、"自由"扩张的观念正在盛行的时候，也就是当时社会的面貌正在发生剧烈变化的时候，拉马克便很自然地着眼到各种生物的形态和机能也在发生变化。他主张生物后天取得的特性，能够遗传下去；他并且用了简单的机械的理由来说明生物身体常用的部分，自然发育；不用的部分，自然萎缩。这可算是进化论的开始，虽然实际上进化的概念早就萌芽了。（法国生物学家拉马克在《动物哲学》一书中系统阐述了自己的进化理论，提出了获得性遗传与用进废退两个法则。）

　　拉马克的学说，作为进化论，虽然以后没有得到支持，但是一部分

名师导读/MINGSHI DAODU

❶ 达尔文进化论的核心思想是"各种生物朝着一定的方向，从简单到复杂到更复杂的形态的变化"。作者认为，这一思想既是自然发展史的基本规律，也是人类社会发展史的基本规律。

❷ 任何理论的提出，都离不开事实材料的支持。理论和事实是相辅相成的。达尔文的进化论最初只是一种科学假说，当时缺乏物证，而随着科技的进步和研究的深入，越来越多的物证发现有力地证明了进化论的正确。

科学家从此便开始认识了生物的形态一般是在变化的。

到了达尔文的手里，进化论才正式成立了。［达尔文和达尔文主义者所依据的事实是各种生物朝着一定的方向，从简单到复杂到更复杂的形态的变化，这是历史上基本事实，缩紧一点说，是自然历史的基本事实，如果硬把历史截成自然发展史和人类社会发展史两段的话。］❶这也就是进化的基本事实。作为进化的方式，他们所热心倡导的，是各种生物些微地、逐渐地、不断地变化，经过自然选择，让最适宜者生存这一套理论，他们所不大关心而一个进化论者应该关心的问题，是生物界的进化究竟是如何发动的。

［关于历史遗留下来的生物进化陈迹和渐变现象，从两方面已经获得不少的资料。］❷一方面根据一种生物个体发育的情况，特别是根据它在胎期发育的特征，往往可以发觉那种生物在它所属的系统里某一些发展的阶段。例如人在胎中的初期并不是具体而微的人，而是一种有头有尾而无四肢的东西。另一方面——也是主要的一方面，是根据现今世界动植物分类学和古生物学的资料，也就是历史的资料，来判定各种生物形态发生的联系。

任何一个时代的生物群，包括现今世界的生物群，只能是总合各种生物进化过程的一幅剖面图画。如果这样一幅剖面图画带着几分时间性的深度，那么，祖先和它的嫡系后裔当然也可以在同一幅图画上出现；就是说，一个生物群中那些彼此差别极微的生物形态系列，也可以表示一支生物嫡系的变化。但是很明显它们大多数是同祖分支的后辈。因为每一支生物的变化的速度不等，又因为许多种生物在它变化的中途，或早或晚，遭到灭亡，所以一个时代的生物群必然只能表示生物世界一部分进化进程的一个阶段以及在那个过程中的一些据点（种或变种）；也必然是一幅极不完整的图画。感谢古生物学已经供给了我们许多这样不完整的图幅。如果按时代的先后把它们连接起来，也可以得到一系列断断续续生物进化的剪影。

大家都知道这一部记录中有一些特别显著的事实已经充当了地球上划分时代的标志。从能够自觉地创造自己的生活条件，并且掌握着自己的命运的"最灵"的人类（有时称为智人）存在的今天，往过去探索，经过勒安达塔尔人、巨人、北京人、爪哇人、更人、副人、南方猿等猿人的阶段，我们证实了我们的祖宗越古老越像猴子。这是最近100万年左右（有时称为灵生代）地球上所发生的种种变化中最突出的事件。再往更古的时代探索，到中生代末期，显花植物才开始出现，中生代中叶，哺乳动物才开始出现。按埋藏它们的岩石的层位和同时代的岩石所含铀矿物中铀/铅比估计，那些原始显花植物的出现大约最早不出1.2亿年以前；原始哺乳动物不出1.5亿年以前；爬行动物和两栖动物开始出现，大约在古生代后期，那就是不出2.2亿年以前，或最多2.8亿年以前；裸子植物开始出现，大约是不出3.5亿年以前的故事。比这个时期更早一点，大约在3.8亿年以前，鱼类才开始出现。陆上植物差不多也是这个时代开始出现的。在此以前，只见有藻类植物和无脊椎动物存在的遗迹。在古生代的初期，大约5亿年以前的时代，许多种类无脊椎动物还很繁盛。但过此以往，那些古生代无脊椎动物，例如：三叶虫、双壳之类，在岩层中都渺无痕迹了。这是15亿年以前地球上的一种情况。那个时代的生物除了蠕形虫、某些藻类以外没有留下任何可靠的痕迹。（作者以人类出现的时代为起点，按照回溯历史的方式，将地球上各个地质时代中有代表性的动植物种类呈现在读者眼前，反映了地球上的生物经历了从无到有、从简单到复杂的进化过程。）

这些记录已经完全证实了生物进化的程序，一般地是由简单而趋入复杂的。但是要确立些微、累积的变化是生物进化唯一的方式，我们还得另找证据。在同种的两个标准生物之间，我们确实常常发现一系列中间形态的生物，那些中间形态的生物彼此的差别，以及其中相差最大的，对那两个标准种的差别，可以如此之微，以至原来被认为两个标准种的特征都失掉了意义。这种现象在属与属、科与科、甚至门与门之间也时有发现。但一般地说，分类的范围愈大，它们的中间形态的生物愈少发现，但是也并非绝对不存在的。例如：显花植物、裸子植物、羊齿植物、苔钱、同节植物等的差别如此之大，几乎令人不可想象它们有什么发生的联系。但是从比较形态学上的研究看来，特别从它们的生殖结构，例如坛形藏卵器以及胚囊等类构造，都不能不令人相信，至少它们彼此之间，一部分有同祖的关系。又如在苏格兰志留纪（大约3.5亿年以前）的岩石中曾经掘出了一种怪物，叫作假模鱼，它有一对大眼睛，没有下颚，没有骨节，或骨节很少，长五六寸，似鱼非鱼，似虫非虫，从一般的形态看来，它正好被当作无脊椎动物和有脊椎动物的桥梁。（举例论证。作者以志留纪时代的假模鱼为例，说明无脊椎动物和有脊椎动物之间存在过渡物种。）

　　达尔文主义者一定会继续地发现更多的生物和生物化石来充实渐变的理论。可是他们似乎不大关心这样一个问题：要"渐"到什么程度才算渐变？种的"突变"是否仍然算是渐变的一个步骤？再具体一点说，在生物进化过程中有没有剧变的可能性？也就是说，往新方向的发展，有没有比较显著的品性突然出现的可能性？这是进化程式上一个重要问题；问题的要点不在"量"的变化，而在有没有一举便发生"质"的变化。许多古生物上的事实正在逼迫着我们来注意这样的问题：譬如说，在两段连续的地层中，我们所发现的同一系统而不同属或者甚至不同科的各种生物，尽管非常繁盛，而介乎那两属或两科的中间形态的生物，却往往非常稀罕，甚至绝迹。有许多情况证明，人们常用的"保存不完整"这一句话，并不足以解释这种现象。（"保存不完整"属于特殊原因，作者认为这不能解释两段连续的地层极度缺乏"中间形态的生物"这一普遍存在的生物现象。可见，达尔文的进化理论存在"短板"。）

　　达尔文曾经着重地指出另一种有关生物进化的现象，和逐渐变化的现象一样重要。那就是他所称的联带变化。但是这种现象并没有和逐渐变化的现象受到一般人同等的注意。个别生物的存在，不是孤立的，而是要与它所属的生物群，也可以说生物社会，和天然环境为条件的。个别生物的本质，一般地说也并不是单一的，而是细胞社会组成的。一个生物群中的一部分生物发生了持久的变化的时候，在某些特定的情况下，其他各部分所发生的联带变化是显而易见的。同样，生物个体中某一部分细胞发生了持久的变化的时候，我们也不可能想象它的其他各部分细胞组织能够不发生相应的变化。近年从有关生物体格外形发育比例的研究，已经发现了这一类变化的若干规律。

进化的意义，就生物本身而言，是朝着某一方向发展它某一部分的机能或改进那种机能的效能。为了要达到这一目的，细胞就必须分工；为了达到分工的目的，细胞的形态就必须特殊化。各部分分工愈细，全体合作，愈要密切，也就是说，进化的程度愈高，生物个体的组织愈要严密，否则难免灭亡。从这一方面来了解进化现象，我们也必然得到上面已经说过的结论。就是：进化的程序永远是从简单而复杂而更复杂的发展。

以前生物学家多半认为细胞是生命的基础，甚至于有人说某些生命的种子是仗着光的压力，从天外飞来的，或者骤然产生的，或者说是无始无终的。但是我们知道有些蛋白质，例如用适当方法制出的纯粹的派普辛，据说可以破坏等于它本身分量100万倍的蛋白才失去它的作用；另外还有些核心蛋白质，特别是某些植物性酶类，在适当的环境中，有能够繁殖的模样。在这一方面，近年来勒柏辛斯卡娅（苏联生物学家，20世纪50年代，她的"新细胞学说"曾在我国得到广泛传播）的工作特别值得注意。她发现了细胞内含着比细胞组织更低级的有生命的物质，叫作"生活物质"。她声称那种"生活物质"具有一种能力，和各种不同的化学物质相互作用，产生复杂的生物结晶体。在此以前，贝时璋（中国生物学家，尤以细胞重建的研究最为突出。他认为"生命与非生命没有不可逾越的鸿沟"）教授曾经有过类似的发现，虽然他解释的方法不同。最近从许多关于滤过性病毒素的研究，得到了不少的材料，令人难以判定究竟那些极微细的东西的作用，是生物的，还是非生物的，蛋白质分子，可以组成纤维状的"感性质"，也是早已知道的事实。

这一类工作暗示着，我们就快要从生物世界打通到非生物世界了。进化的概念，已经不拘守在达尔文时代的范围，而是随着科学的进展，大大地扩大了。例如就地球的历史而言，至少就它表面历史而言，所谓"沧海桑田"并非简单地意味着：大陆各处，此起彼落，或者漂流不定。

相反地，许多事实指示着，至少从很古的时候起——大约太平洋已经存在的时候——大陆运动便有了一定的方向，山脉的成长也有了一定的规律。扼要地说，大陆运动有两个方向：（1）部分地由两极方面向赤道方面移动；（2）部分地由东向西移动。在拥挤的地方便发生了山脉，被拉开的地方便成了巨大裂缝。例如南北美洲西岸诸山脉和中国西部，缅甸以及印尼诸山脉，主要是东西挤压的结果，欧亚、南非、北美诸大陆上向赤道方面弯出的弧形山脉，主要是南北挤压的结果，又如死海、红海、东非洲湖谷地带，以及整个大西洋，都是被拉开的裂口。我们有理由相信这样的运动是由于地球自转速度逐渐增加，而浮在地球表面上的大陆——比较轻的岩石——不能随着地球本身增加到一样的速度，所以有一部分往后滑动。我们说南北美大陆是落后的一块土地，就是这个道理。恩格斯在他的自然辩证法中迭次指明了旋转运动在自然现象中的意义。就地球面貌进化的程序来说，这种意义，我们今天懂得更清楚了。

自从50多年前放射元素被发现以后，科学又进一步证实了不独地球上的生物和地球本身在不断地进化，而且整个的宇宙也在不断地进化。（科学证实，从生物、地球，推广到宇宙，一切物质都在不断地进化。这为后文讲述科学思想的进化做好了理论准备。）人们现在都知道物质不是死板板的东西。从原子物理学宇宙线以及宇宙学的研究，特别从各种元素在地球上存在的多寡，它们在天体中分布的情况等项事实，和同位元素的鉴定以及元素周期律的新估价等新发展，我们不难推测到：在有了什么行星、恒星、星座、星云这些东西以前，我们当初极热的、极坚实的、一团混沌的宇宙，大致具有什么样的本质。那种原始宇宙的产生，虽然不知道是几多亿万万年前的故事，然而毕竟总有一定的时候，就是说，毕竟总代表了历史的一个阶段。很有可能，科学将来还要发觉更早的一些阶段。

从孤岛似的我们的原始宇宙爆裂以后而形成了现时正在扩大的宇宙，从部分地"冻结了的平衡"状态中出现了我们太阳系，从表面温度在6000℃以上太阳存在的状态，到地球外表有了海、陆、气三界的划分，从某些特殊的物理的、化学的活动方式开始起了新陈代谢的繁殖的作用，到自觉、自主地创造历史的人类活动等，很清楚，都是一些有连贯性的宇宙历史的巨大阶段。每一巨大阶段与次一巨大阶段之间，又少不了经过多次的渐变和剧变。一个物质体系多少维持着平衡，稳步前进的时候，便是它渐变的阶段；渐变愈积愈多，到了旧体系的平衡不可能维持下去的时候，旧体系便迅速地瓦解，新体系也就跟着成立；新平衡从而得以建立；新规律也就出现了。这就是剧变的特征。渐变总是缓慢的，剧变总是激急的。（作者对渐变和剧变的描述，符合唯物辩证法的质量互变规律。质量互变规律揭示了事物发展量变和质变的两种状态，以及由于事物内部矛盾所决定的由量变到质变，再到新的量变的发展过程。）不管渐变或剧变，一般地说，进化常常是加速的运动，也是一贯的运动。——从原始宇宙的爆裂，到人类有组织有科学的历史性的斗争。

每一次转变实际上是为了下一次转变准备条件，每一部分的转变必然多多少少引起整个体系的转变。前一项关系更明确地指示着：在今天的世界里由无产阶级领导的革命运动，不仅仅是人类在它进化的过程中所演出的最前进、最复杂、最高超的一幕，而且和整个物质世界的进化是不可分离的；后一项关系意味着：一切部分的特殊化或专一化必须配合以必要的整体计划和整体组织才能走上进化的轨道，否则就不免死亡的危险。这在生物世界的进化现象中表示得特别的清楚。

由于这样确切地、广泛地认识了进化的意义，这半个世纪以来，科学自身也起了基本的变化。有一些基本的科学概念的转变确实是惊人的。除了若干门分类学照旧有的轮廓充实资料或扩大领域而外，其他几乎每一门科学不是提供了一些新的基本问题，需要新的方法去解决，就是已经走进了新的道路，或者徘徊在新旧交叉的道路上。举一两个最显著的例子：现在没有人认为欧氏空间是唯一的空间，也没有人反对时间与空间和光速的联系性以及质量随着高速而发生显著变化的事实。就我们一般的眼光看来，尤其富有革命性的进展，就是物理学家已经确切地告诉了我们，能量不是附加在质量上的另外一种东西，而是质量本身存在的一种形态。大家都知道，就所谓"歼灭反应"，近代物理学家都承认了光速的自乘，就是质量对能量的当量。"歼灭"二字，显然不大妥当，"质量本身存在的形态"这句话，也应该加以确切的解释。

在恩格斯的时代如果可以说细胞繁殖和特殊化的现象，能量互换的规律，以及达尔文理论是当时科学的三大发明，在今天这个时代，我们至少还需要加上这种能量和质量的同一性才够得上说不漠视科学朝着恩格斯所指示的方向更大的发明。（三大发明指19世纪自然科学三大发现，即细胞学说、能量守恒定律和生物进化论。恩格斯认为，"有了这三个大发现，自然界的主要过程就得到了说明，就归结到自然的原因了。"）

令人惊异的事实是科学的进展，也和自然界的进化一样，越来越快。假如我们说：最近3年的进步，如果不是受了反动者的阻挠，无论在科学上或全体人类生活上，要胜过最近30年的进步，最近30年又要胜过最近300年，更要胜过最近3000年……的进步，这并不是没有道理。不独进步越来越快，而且越来越重要。我们认为由无产阶级领导的世界革命，有超过一切的重要性，并不单是因为我们自身是构成人类社会的分子，而更重要的是：因为这一场斗争，是人类自觉自愿地为了要按照宇宙一般进化的规律出现在今天人类社会中的特殊形式，来把生物世界中已经进化到最高一级的，能够控制在进化程度上较低级的以及自身运命的人类世界，更往前推进一步。这样，从进化规律的观点看来，我们不难了解：在现时和今后的中国，自我教育和自我改造的工作，对每一个人，该是何等重要！

名师赏析 / MINGSHI SHANGXI

　　本文选自李四光1951年撰写的《科学的中心思想在怎样转变》一文。地质学家李四光之所以能在科学上取得卓越的成就，同他重视哲学理论思维的修养有着密切关系。这篇文章反映了李四光科学哲学思想的有关内容。他认为，进化论的思想不仅适用于生物学，也适用于地球地质运动，乃至宇宙学。他敏锐地发现，"由于这样确切地、广泛地认识了进化的意义，这半个世纪以来，科学自身也起了基本的变化"，即科学思想领域出现了生物学领域那样的加速变化。本文启示我们，从事自然科学研究工作离不开哲学理论的指导，加强思想修养很有必要。

● 好词好句

束缚　快刀斩乱麻　自然而然　墨守成规　勃兴　断断续续

● 延伸思考

"令人惊异的事实是科学的进展，也和自然界的进化一样，越来越快。"作者是如何得出这一结论的？

《地质力学之基础与方法》序

做科学工作最足使人感觉兴趣的，与其说是问题的解决，恐怕不如说是问题的形成，任何一个实际问题很少是单纯的，总要对于构成一个问题的各项事物，实际上就是代表事物的那些词句的意义，和那个问题展开的步骤，有了正确的认识，方才可以形成一个问题。做到这一步，问题可算已经解决了一半。

无论向宇宙或者向我们自己，我们不难一口气发出许多问题，但是这许多问题，不一定都具有独立而且明了的意义；也许有些根本就不能成立。"今登高山而望群山皆为波浪之状，便是水泛如此，只不知因什么事凝了。"朱子（即朱熹）用了山、水、波浪、泛、凝等项代表事物的词句，将他的问题这样展开，在七百七十多年以前，已经见到如此地步，实在令人敬佩。可是从近世地质学的需要看来，又未免觉得问题的构成和展开不能这样笼统含糊。

经过一百多年的地质工作，尤其在最近三四十年中，这一类的探求确实发展了不少，引起的纷争也就不少，虽然近世地质学人探求的方式比起朱子的方式要仔细多了，切实多了，然而说到怎样才算是正确的方式，仍然不免茫然。

这所谓造山运动所含的各项现象，并不仅关系山脉的造成，一切陆地运动的原因和结果，换句话说，一切岩层岩体变动的原因和结果，都不免牵扯在一起，困难不一定在这些现象本身性质复杂不容易拿住要点，而往往在因为复杂的关系，构成一个问题的各项事物穿插到普通认为毫无关系的学科范围，（一种自然现象的出现是多方面因素造成的，要把它研究透彻，解决问题也需要用到许多学科的知识。）比如地质学人们自有他们传统的工作方式，要他们去研究物性力学，再来改订他们的构造地质或动力地质的问题，正和要大地物理学人们切实去研究各种型式的地质构造和各种岩石的性质再去提出他们的物理地质问题一样困难。就一般而言，要站在不同的立场，用彼此不共通不习惯的名词所代表的各项观念来形成一个问题，当然不太容易。可是事实上一切岩层岩体变动的痕迹，很显明的关系地质构造，同时也关系物性，如果硬要把有关两方面的一个问题斩为两节，把这一节交给物理学人，那一节交给地质学人，那末，谁配开刀？况且事实多半不是那样简单，不见得处处步步都能干脆的一刀两断。反过来说，要把地质构造学建立在稳健的基础上，我们看不出在哪一段落可以避免物性力学的分析；又假如要避免一般所谓地质物理问题变成了空洞的算学或物理学的习题，我们也没有理由漠视岩层所经过的种种变动，在这种需要之下，只有打破科学割据的旧习，做一种彻底联合的努力，方才有解决这类问题的希望。

拟议中的地质力学这一个名词，实际上并不需要这样的辩护，但是应该指明的是：曾经用过这个名词的人们，大都各人所指的只是地质力学的某一方面，甲所指的一方面往往和乙所指的一方面不同，而实际做这种工作的人们，也往往不免顾此失彼，此次承中央大学、重庆大学及中国地质学会一部分同仁的重视，谨就个人所见到的若干有关系的材料，选择要点，藉以探索地质力学究竟应该是怎样一种科学。这些初浅知识，决不足以显示地质力学的全部内容，但只要能暗示这一学科将来发展的途径，或者可以勉强说不致太辜负同仁对著者的鼓励，及对此次讨论的希望，这样，也就算满意罢了。因为张孟闻、俞建章二先生奔走接洽，中华书局慨然接受，本篇得以付印，又因为杨庆如、王嘉荫、吴磊伯、陈庆宣、谷德振诸先生担任校稿和编制参考著作等项麻烦工作，本篇才能粗具书本的形式，最后又承俞建章先生雠校一次，在此特致感谢。

名师赏析 / MINGSHI SHANGXI

1945年，李四光教授应中央大学、重庆大学及中国地质学会邀请，在重庆大学礼堂作了一次学术演讲。该讲稿经整理后以《地质力学之基础与方法》为题，由重庆大学印发，1947年1月由中华书局出版发行，是李四光教授二十多年来悉心探索、钻研的成果。本文节选了该专著的序言部分。在这篇序言中，李四光教授以造山运动的研究需要各学科知识为例，提出应该"打破科学割据的旧习，做一种彻底联合的努力"。这与现在科学提倡"学科交叉融合"的理念如出一辙，体现了李四光教授深远的战略眼光和无私的学术精神。

● 好词好句

笼统 含糊 漠视 辜负 接洽 慨然

● 延伸思考

1.李四光为什么说"做科学工作最足使人感觉兴趣的，与其说是问题的解决，恐怕不如说是问题的形成"？

2.造山运动所含的各种现象仅仅与山脉的造成有关吗？

读《看看我们的地球：穿过地平线》有感

郑晓光

　　今年寒假，我读了《看看我们的地球：穿过地平线》一书。这本书的作者是我国著名的地质学家李四光教授。它能让你了解地球的地质构造，一下子喜欢上地质学。

　　李四光教授运用不同时期的研究成果，为我们科普了关于地球的种种地质知识，全书既有趣味性，也具学术性。书中的好多文章，如《侏罗纪以后中国的地势》《中国地势浅说》等，是以故事形式来回答地质问题的，使我对地质学产生了浓厚的兴趣。而《大地构造与石油沉积》这一篇文章，则深刻地回答了大地构造是怎样形成的、石油是如何沉积而成的这两个问题。读了这篇文章，我了解了石油形成所要具备的条件不仅与气候有关，还与当地的地质构造有着重要的联系。

　　其中，令我产生思考最多的是《看看我们的地球》这篇文章。读这篇文章时，我仿佛听到李四光教授对我们的声声鼓励，感受到他对未来科学发展的殷切期盼。几十年前，这位伟大的科学家就提出要保护和珍惜地下能源，并开发太阳能、风能等新能源。如今，我们正走在他指明的道路上，虽然已经取得了不凡的成就，但未来的发展依然充满挑战。我佩服李四光教授的高瞻远瞩，也立志好好学习，争取将来为新能源的开发利用贡献出自己的一分力量。

　　读完这本书，我大开眼界，受益匪浅，了解了许多以前从未听说过的知识。同时，我很佩服李四光教授善于发现和观察事物的能力，而他那打破砂锅问到底的求知精神也值得我好好学习。

《看看我们的地球：穿过地平线》读后感

马越

　　最近我读了李四光教授的《看看我们的地球：穿过地平线》一书。我们都知道李四光教授是一位伟大的地质学家，这本书正是一本关于地质学的科普读物。打开这本书，方方面面的知识直扑我的眼帘：关于地球的年龄有多少种说法，地震是如何产生的，人类是怎样发展的，冰川的起源……我时而恍然大悟，时而啧啧称奇，时而挠头苦思……书中令我印象最深刻的是"地球年龄之说"这几篇。

　　李四光教授用了四篇文章，从不同角度介绍了关于"地球年龄"的不同说法。它们分别是《天文学地球年龄的说法》《天文理论说地球年龄》《地质事实说地球年龄》《地球热的历史说地球年龄》。看了这四篇文章，我不禁陷入思考。站在现代科学的角度看，书中介绍的几种推算方法并不完美，而且也不够科学，有的甚至是基于某种猜想，缺少事实依据。现在，随着科技的发展，科学家用比较成熟的同位素检测方法，测出地球年龄大概是45.5亿岁。比起以前的推算，现在的方法要科学许多。从这一点看来，我们知道科学技术在不断地发展，它将为人类的进步插上腾飞的翅膀。

　　关于地球的年龄，人类探究了这么久，我不禁要问：现在的结果就是完全正确的吗？是定论了吗？我觉得不然，随着人类坚持不懈地探索发现，随着科技的发展，我相信关于地球年龄的推算结果会越来越精准。科学探索永无止境！

　　《看看我们的地球：穿过地平线》这本书，让我学到了很多新知识，也引发了我的思考。这确实是一本不一样的书，我很喜欢！

知识考点
ZHISHI KAODIAN

一、填空题

1.《看看我们的地球：穿过地平线》的作者是_____，他是我国著名的_____学家。

2.关于地球的年龄，作者从_____、_____、_____三个方面进行了讨论。

3.关于地球的形状，亚里士多德认为地球是一个_____，而牛顿断定地球应为一个_____。

4.李四光在《风水之另一解释》一文中写道，地形对人的性格也产生影响，例如，近山的居民，性格一般_____。

5.至若新生世的停积物，在中国已经发现的共有几种。那就是含煤层的泥砂岩、_____、瀚海层、湖沼停积、_____、_____，除以上所举的几种停积物以外，还有大堆的_____。

二、选择题

1.从地球的表面到深部，温度会（   ）。

A.越降越低   B.越升越高   C.没有很大变化

2.（   ）是具有一对外壳的海生动物。

A.两栖动物   B.鱼类   C.腕足动物

3.（   ）经过破坏蒸馏以后，可以取出油质。

A.白云岩   B.沉积岩   C.含油页岩

4.在亚洲与美洲大陆之间，白令海峡可能是通向（　　）的通道。

A.大西洋　　　　　　　B.太平洋　　　　　　　C.印度洋

5.下列说法中不正确的是（　　）。

A.我们住在地壳的表层

B.要看地球的内部情形，不能用肉眼，只能用智眼

C.步达生认为人类的起源和猴子有关

三、问答题

1.人类发展可分为哪四个阶段？请各举一例。

2.读了这本书，你最感兴趣的是哪一篇文章？在这篇文章中你学会了哪些知识？

答案

一、填空题
1.李四光　地质
2.天文　地理　地质
3.圆球　扁球
4.富于坚忍耐劳之性
5.红砂岩　汶河砾岩　黄土　火山爆烈物

二、选择题
1.B　2.C　3.C　4.B　5.A
三、问答题
1.古猿（南方古猿）—猿人（北京人）—古人（马坝人）—新人（山顶洞人）
2.略

247

图书在版编目(CIP)数据

看看我们的地球：穿过地平线/李四光著. —北
京：台海出版社，2022.2（2025.2重印）
（世界经典文学名著：名师精读版／龚勋主编）
ISBN 978-7-5168-3200-4

Ⅰ.①看… Ⅱ.①李… Ⅲ.①地球科学—普及读物
Ⅳ.①P-49

中国版本图书馆CIP数据核字（2022）第016749号

看看我们的地球：穿过地平线

著　　者：李四光

责任编辑：姚红梅　　　　　　　　　　封面设计：韩欣宇

出版发行：台海出版社
地　　址：北京市东城区景山东街20号　　　邮政编码：100009
电　　话：010-64041652（发行，邮购）
传　　真：010-84045799（总编室）
网　　址：www.taimeng.org.cn/thcbs/default.htm
E-mail：thcbs@126.com

经　　销：全国各地新华书店
印　　刷：水印书香（唐山）印刷有限公司
本书如有破损、缺页、装订错误，请与本社联系调换

开　　本：720毫米×975毫米　　　　　　1/16
字　　数：220千字　　　　　　　　　　　印　　张：16
版　　次：2022年2月第1版　　　　　　　印　　次：2025年2月第5次印刷
书　　号：ISBN 978-7-5168-3200-4

定　　价：19.80元

名 师 精 读 版

世界经典文学名著

CLASSIC LITERATURE

名师精读版

世界经典文学名著

CLASSIC LITERATURE